« L'amour est l'axe immuable
sur lequel tourne le monde. »
Buster Keaton

L'AMOUR !

NAOMIE ET GUILLAUME
DUPRAT

ET SES 1001 FACETTES

SALTIMBANQUE
ÉDITIONS

1. QU'EST-CE QUE L'AMOUR ?
2. D'OÙ VIENT L'AMOUR ?
3. LE MOT « AMOUR » DANS 101 LANGUES
5. LES LIENS DE L'AMOUR
6. LES FÊTES DE L'AMOUR
7. HISTOIRES D'AMOUR
8. TROUVER L'AMOUR
9. DÉCLARER SON AMOUR
15. LES FILS DE L'AMOUR
16. DES ANIMAUX AMOUREUX ?
17. L'AMOUR À L'INFINI
1 2 3 4
5 6 7 8
9 10 11 12

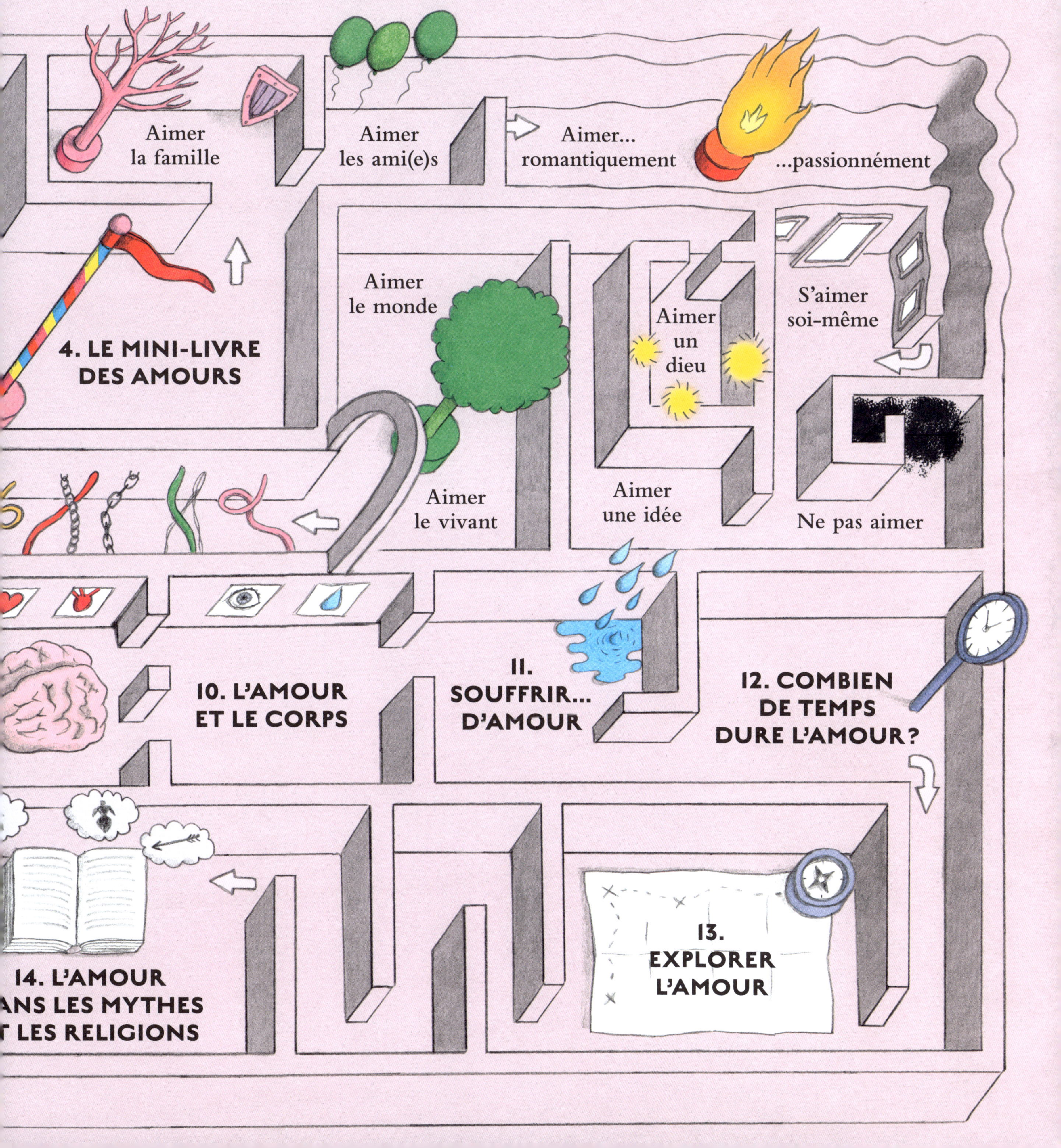
Aimer
la famille
Aimer
les ami(e)s
Aimer…
romantiquement
…passionnément
Aimer
le monde
Aimer
un
dieu
S'aimer
soi-même
4. LE MINI-LIVRE
DES AMOURS
Aimer
le vivant
Aimer
une idée
Ne pas aimer
10. L'AMOUR
ET LE CORPS
11.
SOUFFRIR…
D'AMOUR
12. COMBIEN
DE TEMPS
DURE L'AMOUR ?
13.
EXPLORER
L'AMOUR
14. L'AMOUR
ANS LES MYTHES
T LES RELIGIONS

I. QU'EST-CE QUE L'AMOUR ?

L'amour… Il chamboule les cœurs, transforme nos vies… On en parle beaucoup… Mais sait-on exactement ce que c'est ?

UN SENTIMENT OU UNE ÉMOTION ?

Éprouver un sentiment et être ému, ce n'est pas pareil… Quand tu ressens un sentiment comme le bonheur ou la tristesse, par exemple, tu es touché(e) au plus profond de ton être, et cela dure un certain temps. Avec une émotion, comme la colère ou la joie, c'est moins profond, et surtout : c'est bref. Les sentiments et les émotions diffèrent, mais sont liés entre eux.

L'amour est un grand sentiment qui provoque des rafales d'émotions.

LE PLUS GRAND DES SENTIMENTS ?

L'amour n'est pas un sentiment comme les autres, c'est le plus grand des sentiments. Il est si grand qu'il englobe tous les autres. Sa puissance transporte les cœurs amoureux dans des territoires inconnus.

UN SENTIMENT CHANGEANT ?

L'amour est un vrai sentiment caméléon. Il change selon les expériences, évolue au fil du temps, et se transforme souvent.

Le mot « amour » dans le monde…

En anglais, amour se dit *love*, en espagnol, c'est *amor*. Le mot « amour » est-il traduit dans toutes les langues ? En malgache, c'est *fitiavana*, pour les Indiens navajo, c'est *ayóó'ó'ní'*, etc. Parfois, il y a différentes traductions avec plusieurs sens… En tahitien, *aroha*, c'est l'amour-compassion ; *here*, l'amour spontané ; *hina'ro*, l'amour-affection.

D'autres fois, le mot est intraduisible, comme chez les Himba de Namibie ou les Warlpiri d'Australie. Mais ce n'est pas parce que l'on ne trouve pas le mot « amour » que le sentiment de l'attachement n'existe pas dans ces cultures !

En Europe, quand on parle d'amour, il est très souvent romantique. En réalité, il y a différentes formes d'amour.

L'amour réserve bien des surprises : un bonheur amoureux peut se transformer en une passion romantique…

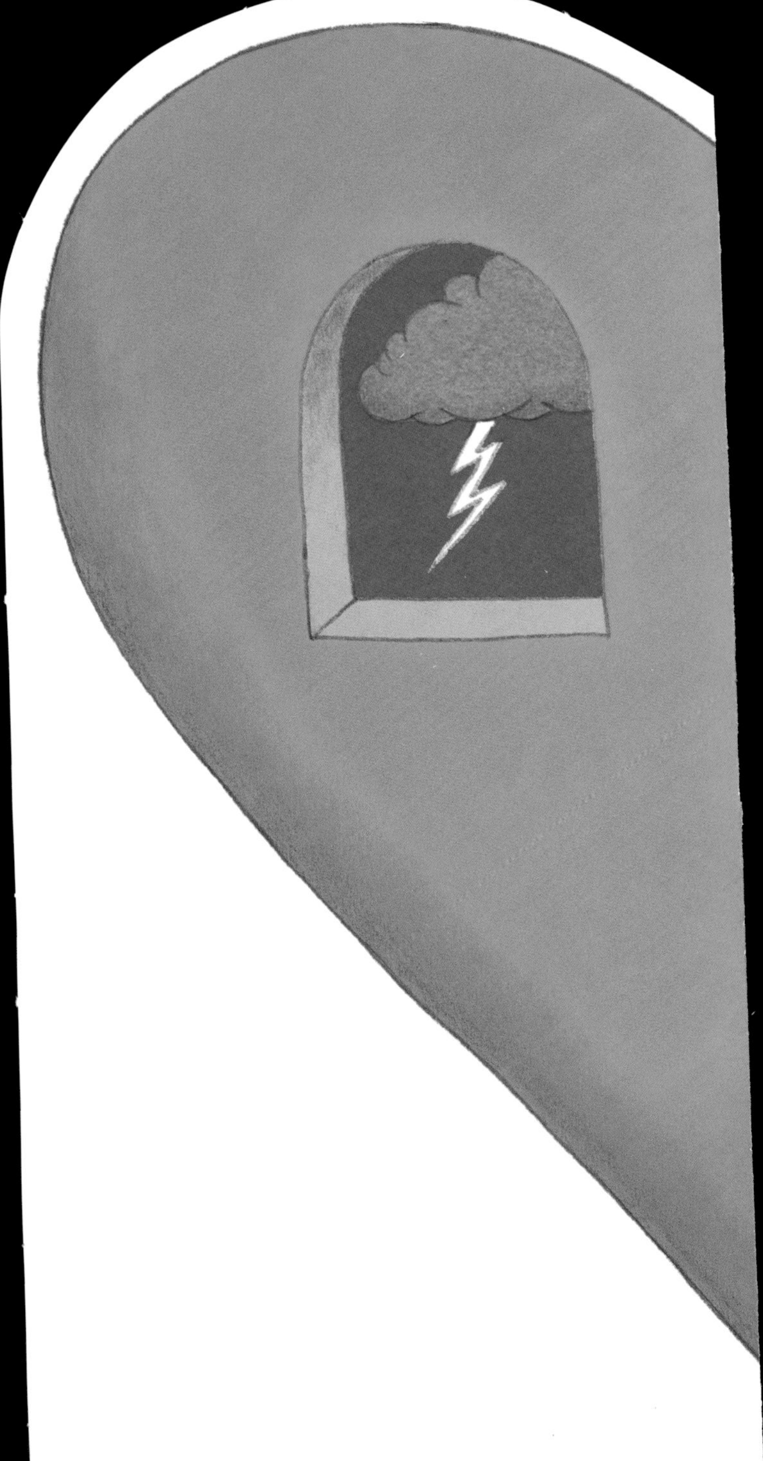

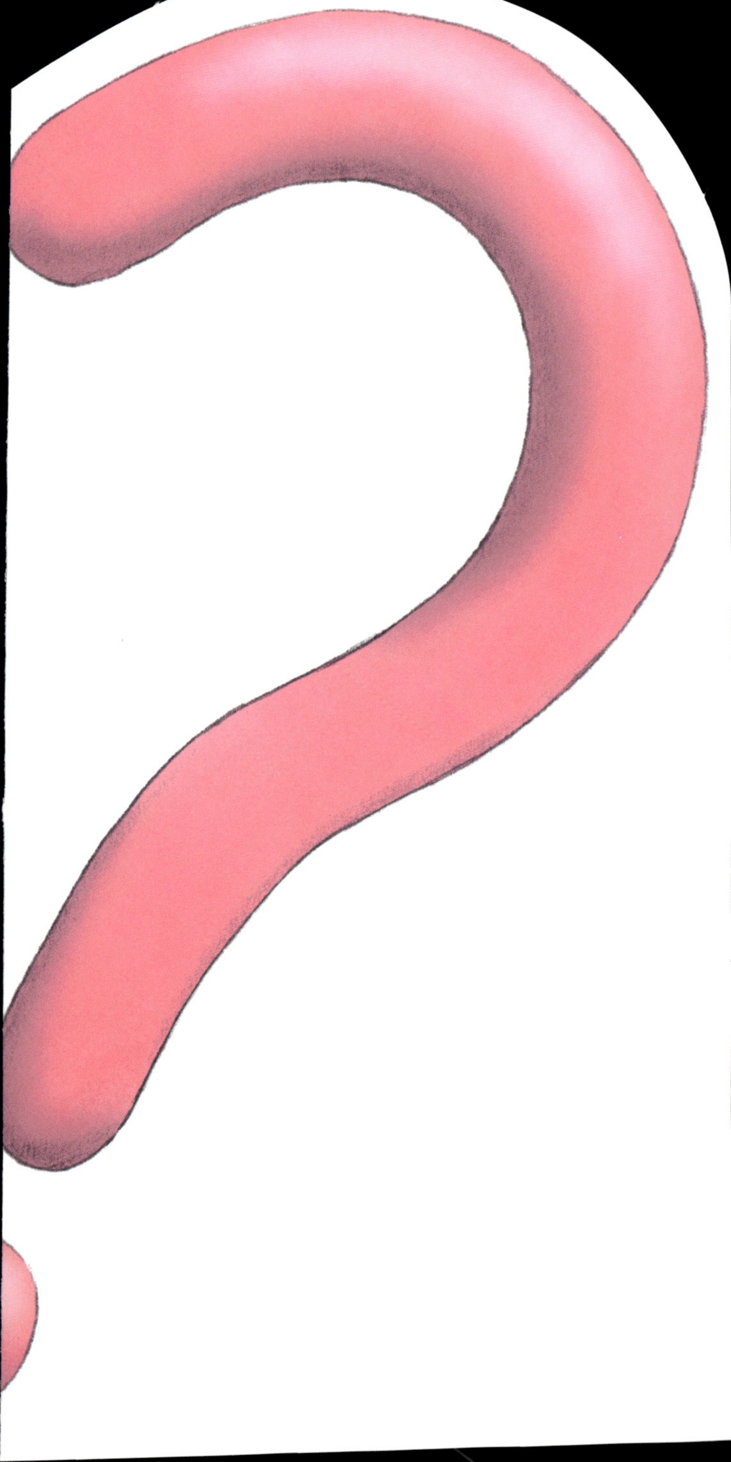

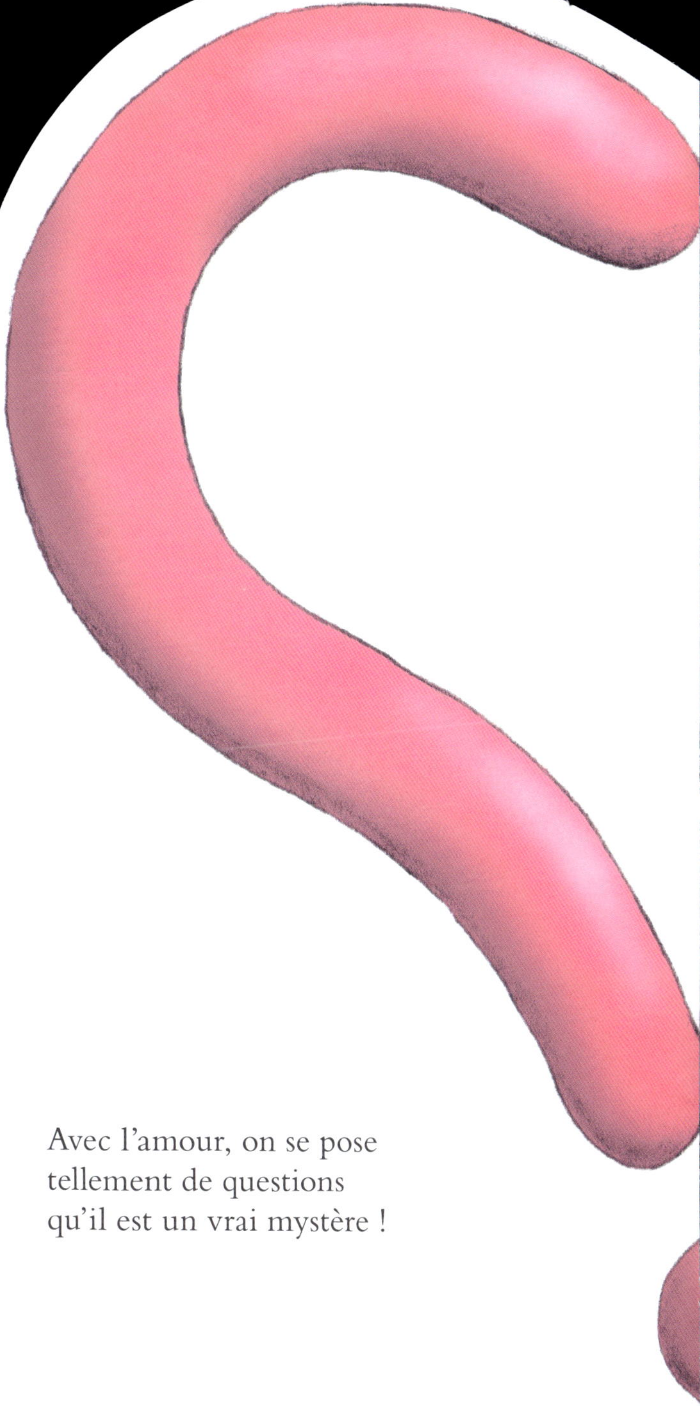

Avec l'amour, on se pose
tellement de questions
qu'il est un vrai mystère !

UN AMOUR UNIQUE OU UN AMOUR À PLUSIEURS FACETTES ?

D'un côté, l'amour est une pierre précieuse unique. C'est un joyau merveilleux très ancien, que les humains se transmettent depuis des millénaires.

Sans cet amour merveilleux, l'humanité ne pourrait pas exister et il n'y aurait pas de vie !

Mais... l'amour a plusieurs facettes. Tu peux aimer passionnément un garçon ou une fille, aimer différemment un ami ou ta maman, aimer un dieu ou ne rien aimer, etc.

L'amour est une pierre précieuse avec des centaines de facettes reflétant autant de visions de l'amour.

AMOUR OU ATTACHEMENT ?

Si tu aimes tes grands-parents ou si tu es attaché(e) à eux, un lien magique vous unit. Cette relation vous apporte du plaisir et du réconfort. Est-ce de l'attachement ou de l'amour ? Avec l'attachement, la relation est forte et solide. Avec l'amour, elle sera plus intense et surprenante.

FAUT-IL DÉFINIR L'AMOUR ?

L'amour est un sentiment savon, difficile à saisir. Si tu le définis trop précisément, tu risques alors de l'enfermer avec des mots.

L'amour a besoin de liberté ! Plus on le définit, moins on le vit.

Le bonheur peut aussi se transformer en une passion tumultueuse et douloureuse.

2. D'OÙ VIENT L'AMOUR ?

Il y a plusieurs réponses possibles à cette question, cela dépend des points de vue et des croyances...

L'AMOUR VIENT...

... DES DIEUX ?

Imagine que des divinités dirigent tes rencontres amoureuses : selon leurs envies, les dieux pourraient te déplacer comme un pion sur un échiquier.

Vénus, la déesse de l'amour des Romains, envoie son fils Cupidon en mission pour créer des histoires d'amour chez les humains. Des amours naissent alors dans les cœurs touchés par les flèches du dieu.

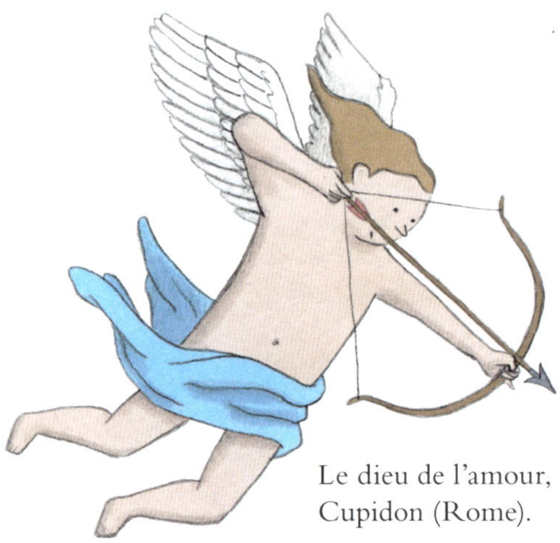

Le dieu de l'amour, Cupidon (Rome).

... DE MON ENVIE D'AIMER ?

Tomber amoureux dépend aussi de toi... de ton désir d'aimer.

En étant disponible et libre dans ta tête, c'est plus facile de vivre des rencontres amoureuses.

... DU DESTIN ?

Et si ta vie amoureuse était écrite en avance ? Avec le destin, ton chemin de vie est déjà tracé.

Pour les chiromanciens, ton histoire est écrite sur les lignes de ta main. C'est comme un livre ouvert qu'ils peuvent lire et interpréter.

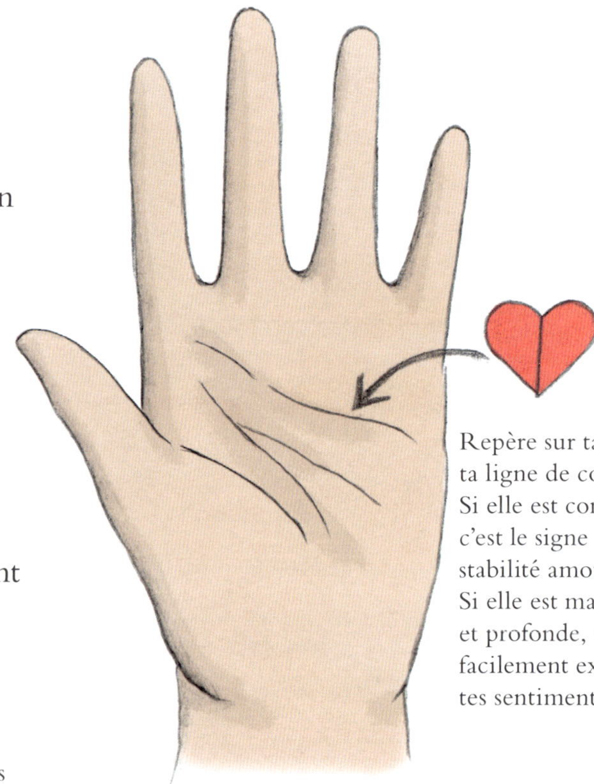

Repère sur ta main ta ligne de cœur. Si elle est continue c'est le signe d'une stabilité amoureuse. Si elle est marquée et profonde, tu peux facilement exprimer tes sentiments...

... DES ÉTOILES ?

Et si les chemins amoureux se cachaient dans le ciel ? Avec l'astrologie, la vie des humains est écrite dans les étoiles.

Les astrologues croient qu'il est possible de prévoir des histoires d'amour en avance... Ils utilisent des horoscopes basés sur les positions des étoiles.

... D'UN MANQUE ?

Imagine qu'en chaque être humain, il manque une moitié... L'amour consiste alors à retrouver la moitié manquante. Cette recherche d'amour peut réussir ou échouer.

Aristophane, poète de la Grèce antique, racontait que les humains étaient, il y a très longtemps, de drôles d'êtres doubles, sphériques, avec 2 visages, 4 bras et 4 jambes : des hommes-hommes, des femmes-femmes et des hommes-femmes. Alors qu'ils essayaient d'escalader le ciel, le dieu Zeus les punit en les coupant en deux. Depuis, chaque moitié cherche son autre moitié.

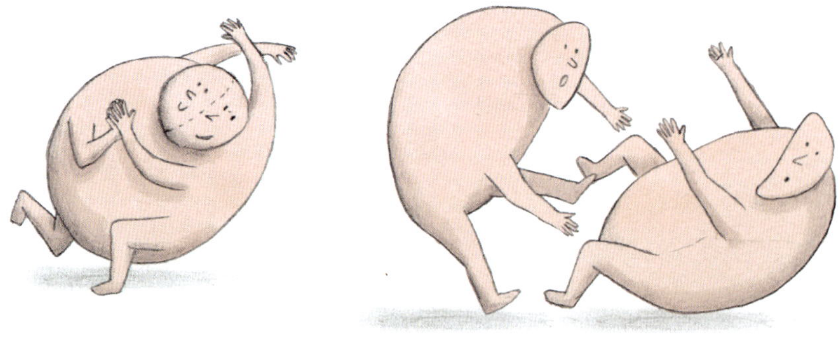

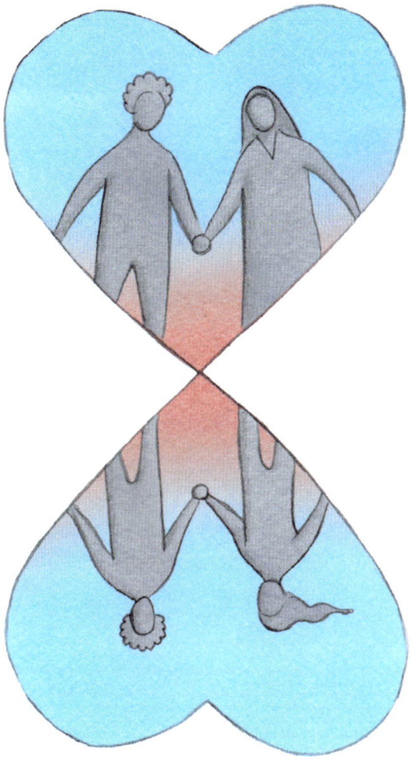

… DE TON ENTOURAGE ?

Sans le savoir, tu grandis avec un modèle amoureux en toi… C'est celui de tes parents. Il peut influencer ton idée de l'amour.

Certaines personnes imitent le modèle de leurs parents, alors que d'autres font exactement le contraire. Tu es libre de suivre ton chemin.

… DE LA SOCIÉTÉ ?

Tu grandis dans une société où certaines histoires d'amour ont plus de succès que d'autres. Ces histoires influencent tout le monde.

Actuellement, ce sont les histoires d'amour romantiques, les histoires de princes et de princesses qui sont les plus répandues sur Terre.

… DU HASARD ?

Pour certains, c'est la chance ou le hasard qui provoque les rencontres amoureuses. Cela revient à jouer aux dés pour rencontrer la bonne personne.

Imagine que tu tombes amoureux(se) d'un ou d'une inconnu(e) rencontré(e) par hasard.

… DE LA NATURE ?

Imagine que l'amour soit dicté par les lois de la Nature. Les humains sont des animaux qui ont besoin d'attachement pour survivre.

Certains animaux montrent leur attachement à travers une fidélité à toute épreuve : les oiseaux inséparables, les couples d'albatros, de manchots empereurs, de dauphins, etc.

Un couple d'inséparables.

… DE TES GÈNES ?

Chaque corps contient des gènes transmis de génération en génération, qui façonnent une partie de nos goûts. Et si ces gènes nous guidaient pour trouver un(e) amoureux(se) ?

En se reproduisant, les humains mélangent leurs gènes. Pour assurer la survie de l'espèce, ils doivent trouver des partenaires dont les gènes sont différents. Imagine que, sans le savoir, nous sommes souvent attirés par des personnes avec des gènes qui diffèrent des nôtres.

3. LE MOT « AMOUR » DANS 101 LANGUES

Pour chaque langue, tu trouveras entre parenthèses, une manière simple de prononcer les mots. Ne sois pas étonné(e) : dans certaines langues, il y a plusieurs façons de dire « Amour » ! 1/Braille. 2/Espéranto ("amo"). **EUROPE** : 3/Allemand ("libe"). 4/Anglais ("love"). 5/Basque ("maïtasouna"). 6/Breton ("karantez"). 7/Bulgare ("lioubov"). 8/Catalan ("amor"). 9/Corse ("amore"). 10/Croate ("lioubav"). 11/Danois ("kerli-heu"). 12/Espagnol ("amor"). 13/Estonien ("ar-mastus"). 14/Finnois ("ra-kaos"). 15/Français, Suisse, Belge et Québécois. 16/Gaélique irlandais ("grè"). 17/Grec ("agapé"). 18/Grec ("èros"). 19/Grec ("philiya"). 20/Grec ("storgê"). 21/Hongrois ("cérélèm"). 22/Islandais ("elska"). 23/Islandais ("kaerleikour"). 24/Italien ("amore"). 25/Latin ("amor"). 26/Letton ("mi-lesti-ba"). 27/Lituanien ("meilé"). 28/Luxembourgeois ("lèift"). 29/Néerlandais ("lifde"). 30/Norvégien ("tchalièt"). 31/Polonais ("miwosht"). 32/Portugais ("amor"). 33/Roumain ("dragos-té"). 34/Serbe ("lioubav"). 35/Suédois ("tcharlék"). 36/Tchèque ("laska"). 37/Ukrainien "lioubow". **EURASIE** : 38/Arménien ("séir"). 39/Azerbaïdjanais ("sèvgui"). 40/Géorgien ("sirualouli"). 41/Kazakh ("marabat"). 42/Kirghize ("suyu"). 43/Mongol ("kaer"). 44/Mongol bitchig ("kaer dourlal"). 45/Ouzbek ("ishq","sèvgui"). 46/Russe ("lioubov"). 47/Turc ("ashk"). **ASIE** : 48/Birman ("adji"). 49/Chinois

("aai"). 50/Coréen ("salang"). 51/Hindi ("piaar"). 52/Indonésien ("chinta"). 53/Japonais ("ko-i"). 54/Japonais ("labu"). 55/Japonais ("len-aï"). 56/Khmer ("sné-héa"). 57/Laotien ("kwam-hak"). 58/Malais ("chinta"). 59/Marathi ("preim"). 60/Népalais ("maya"). 61/Philippin ("pag-ibig"). 62/Tamoul ("anbou"). 63/Thaï ("kwam-rak"). 64/Vietnamien ("tin êou"). **AMÉRIQUES** : 65/Créole antillais ("lan-mou"). 66/Créole jamaïcain ("lov"). 67/Guarani ("boraï-hou"). 68/Innu ("chatchitoun"). 69/Mapudungun ("ayun"). 70/Maya ("ya"). 71/Navajo ("ayo-o-ne"). 72/Ojibwe ("zaagui-diwin"). 73/Quechua ("koukaï"). 74/Shipibo ("nuiti"). 75/Sioux Lakota ("ouo-oua-chtélaka"). **AFRIQUE** : 76/Amharique ("fik-ir"). 77/Bamana ("diya"). 78/Créole réunionnais ("lamour"). 79/Fon ("wa-yiyi"). 80/Igbo ("ifouna-nya"). 81/Lingala ("bolingo"). 82/Malgache ("fitiavana"). 83/Peul ("yidé"). 84/Swahili ("oupendo"). 85/Tifinagh ("tairi"). 86/Xhosa ("outando"). 87/Yoruba ("ifé"). 88/Zoulou ("outando"). **MOYEN-ORIENT** : 89/Arabe ("al gharâm"). 90/Arabe ("al ghazal"). 91/Arabe ("houbb"). 92/Arabe ("al shaghaf"). 93/Hébreu ("ahava"). 94/Persan ("eshq"). 95/Yiddish ("libe"). **OCÉANIE** : 96/Hawaïen ("aloha"). 97/Maori ("aroha"). 98/Samoan ("arofa"). 99/Tahiti ("aroha"). 100/Tahiti ("matéono"). 101/Wagiman ("nal-mourni").

4. LE **mini**-LIVRE DES AMOURS

Aime-t-on son amoureux ou amoureuse, comme on aime ses parents ? S'aimer soi-même, est-ce de l'amour ? Que veut dire « aimer Dieu » ? Est-il possible de ne rien aimer ? Peut-on aimer le monde entier ?

Dans ce mini-livre, découvre les multiples facettes de l'amour…

Aimer la famille

L'amour parental est l'amour que les parents offrent à leurs enfants. Si tes parents se sont aimés, tu es le fruit de leur amour. Ce premier amour accompagne les premiers pas de l'enfant dans sa vie et le protège comme un bouclier.

L'amour filial va dans l'autre sens. C'est l'amour qu'un enfant ressent pour ses parents.

Dans le ventre de la mère, une première relation se noue avec le bébé, ainsi qu'une première interaction avec le papa. C'est le début de **l'attachement**, si important pour le développement des enfants.

Autour d'un enfant, le premier cercle d'amour est formé par les parents. Puis, d'autres cercles d'amour apparaissent avec les frères et les sœurs, les grands-parents, les oncles et les tantes, les cousins et les cousines.

Aimer les ami(e)s

L'amitié est comme un socle solide sur lequel les ami(e)s peuvent se poser en toute confiance. Dans les moments difficiles, la confidence et le soutien mutuel sont précieux. L'amitié est alors partagée.

L'ami(e) est un autre soi-même avec lequel on partage des centres d'intérêt. Il/elle nous ressemble, mais ne nous est pas identique. En amitié, il n'y a pas de désir charnel, physique ou sexuel.

Aimer... romantiquement

Le crush (ou le béguin) est la sensation d'attirance soudaine pour une personne qui nous plaît fortement. On pense à elle tout le temps avec une forte envie de la revoir. Il arrive que la personne ne ressente pas la même chose... mais heureusement, elle peut aussi aimer en retour !

L'amour romantique, c'est la forme d'amour la plus célèbre, la belle histoire où l'être aimé semble idéal. Les amants se rapprochent, partagent différents plaisirs (et pour les plus grands, une intimité physique). Ils sont complices et, avec le temps, deviennent complémentaires.

… passionnément

L'amour passionnel est très intense : le désir, les émotions et les sentiments sont amplifiés. Mais l'amour passionnel est aussi très instable.

Le grand amour arrive quand la relation est si harmonieuse que les amants ont la sensation de se connaître depuis toujours.

Les amours romantiques et passionnels provoquent des sensations physiques et des plaisirs intenses. Le **désir** peut alors donner envie de se lier l'un à l'autre dans un rapport sexuel. L'amour sexuel implique une intimité qui réunit les amoureux, créant ainsi une forte complicité charnelle.

S'aimer soi-même

En s'aimant soi-même, on apprend à se connaître, à découvrir son identité, à **s'estimer**. Pourquoi l'estime de soi est-elle si importante ? Parce qu'elle donne de la confiance en soi, indispensable pour s'épanouir et s'ouvrir aux autres dans la société.

Le narcissisme est une autre manière, plus négative, de s'aimer soi-même : on s'admire dans le miroir, on accorde trop d'importance aux apparences. Sur les réseaux sociaux, l'image de soi peut parfois être fausse et inventée, c'est une illusion.

Dans la mythologie grecque, le beau Narcisse se contemple à la surface d'une source. Il admire son reflet dans l'eau, et, amoureux de lui-même, tombe dans la source où il se noie.

Ne pas aimer

Certaines personnes choisissent de ne pas aimer. Si elles ont vécu des histoires d'amour douloureuses, elles peuvent ensuite éviter l'amour pour **se protéger** de ses tourments. D'autres font ce choix par peur ou par manque d'expérience.

Est-il possible de ne rien aimer ? Parfois oui... et pour ces personnes, ce n'est pas un choix. **L'anhédonie** est un état qui touche des individus dépressifs. Ils n'aiment pas ou n'aiment rien parce qu'ils ne peuvent pas ressentir de plaisir.

Aimer un dieu

La dévotion est un attachement à une religion. Se dévouer à un dieu consiste à l'honorer et à l'aimer. L'amour de Dieu concerne tous les croyants, dans toutes les religions. Pour l'exprimer, les croyants prient, chantent, se rassemblent.

Les croyants ne vivent pas l'amour de Dieu de la même manière. Pour certains, la dévotion devient le centre de leur vie. On les appelle des mystiques : au xe siècle, en Iran, le musulman soufi Al Hallâdj cherchait à s'enivrer de l'amour de Dieu pour entrer en fusion avec Lui. Au xvie siècle, en Espagne, la chrétienne Thérèse d'Avila décrit une vision brûlante où elle ressent un échange d'amour entre son âme et Dieu.

Aimer une idée

L'amour d'une idée est un amour qui vise un idéal, comme ce qui est beau, ce qui est juste, etc.

L'amour de l'idée de l'amour est détaché de la réalité. Imagine un amant qui préfère l'idée de l'amour de son amoureuse à son amoureuse réelle, comme dans l'histoire de Majnoun & Leylâ *(voir n° 7 - Histoires d'amour).*

L'amour platonique est une union intellectuelle entre deux êtres, sans désir sexuel. Il y a 500 ans, cette forme d'amour était à la mode dans les cours européennes.

Aimer le monde

L'amour de l'humanité est un amour universel qui s'offre à tout le monde, sans se soucier des origines des autres ni de leurs apparences. Il permet d'aimer tous les humains, avec leurs différences. C'est un amour gratuit, désintéressé, car on n'attend rien en retour.

Celles et ceux qui croient en l'amour de l'humanité considèrent les autres comme leurs frères et sœurs : c'est la **fraternité** ou la **sororité**.

Dans certaines religions, comme le christianisme ou le bouddhisme, aimer tous les humains est essentiel. Pour les chrétiens, **aimer son prochain** est un tremplin vers l'amour de Dieu.

Aimer le vivant

L'amour du vivant consiste à tisser des liens avec les autres êtres vivants, à respecter la biodiversité, à prendre soin de nos écosystèmes.

L'amour de tous les êtres existe dans plusieurs religions d'Asie. En Inde, les jaïnistes croient que la vie est sacrée et que tous les êtres vivants méritent amour et respect. Ils portent même des masques pour ne pas avaler les insectes volants. Dans le bouddhisme, il existe une forme d'amour encore plus grande que l'amour du vivant: c'est, *maitrī*, un amour bienveillant pour tous les êtres de l'univers.

1

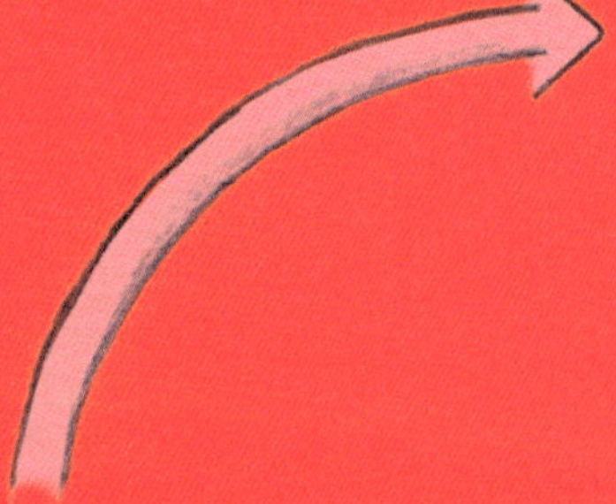
2

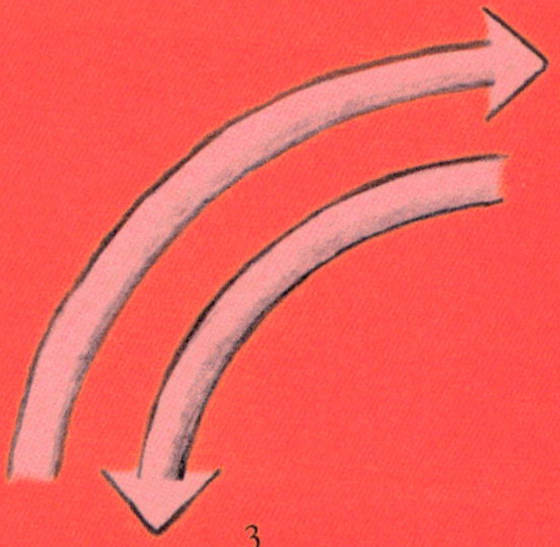
3

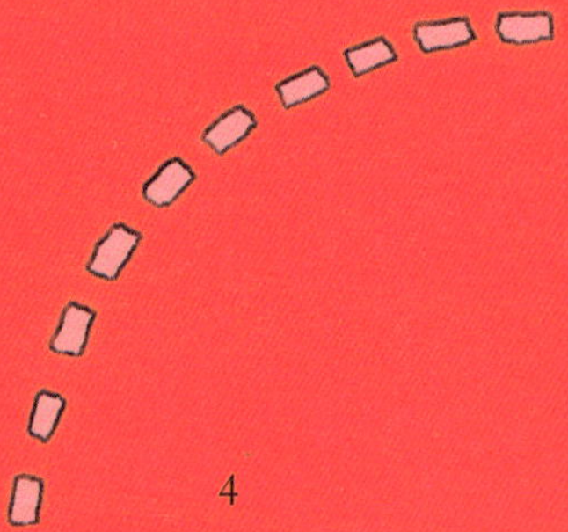
4

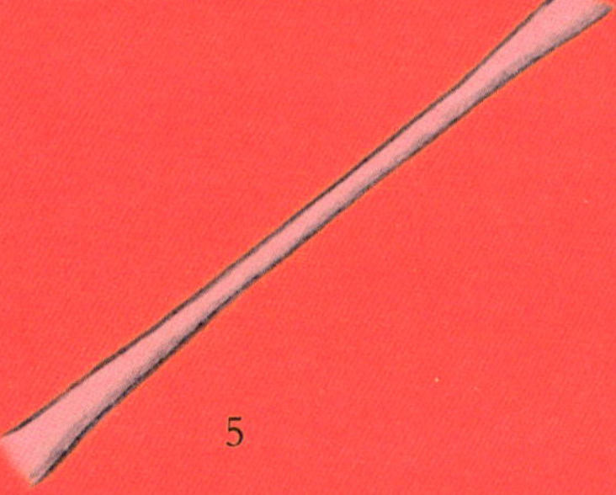
5

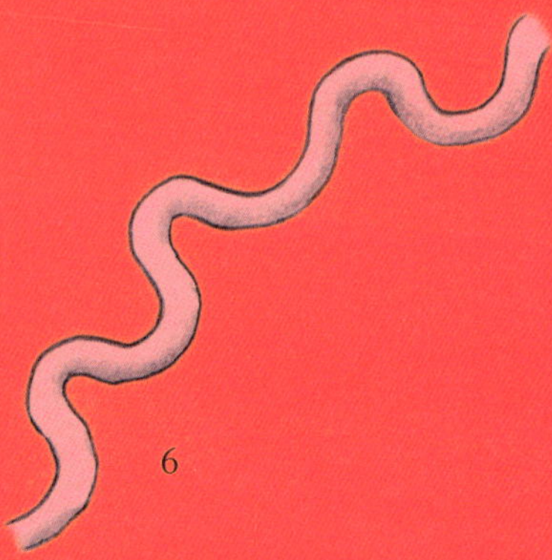
6

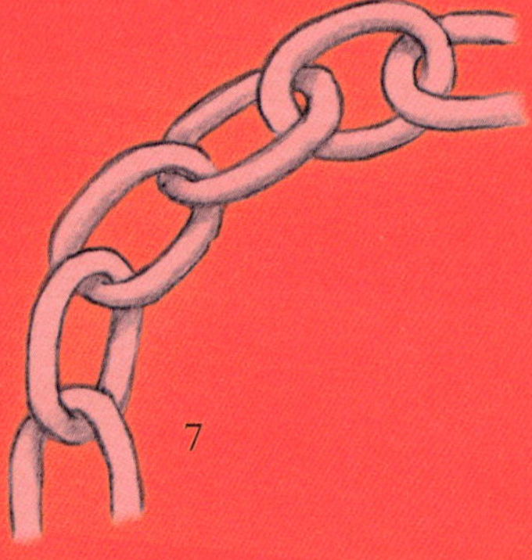
7

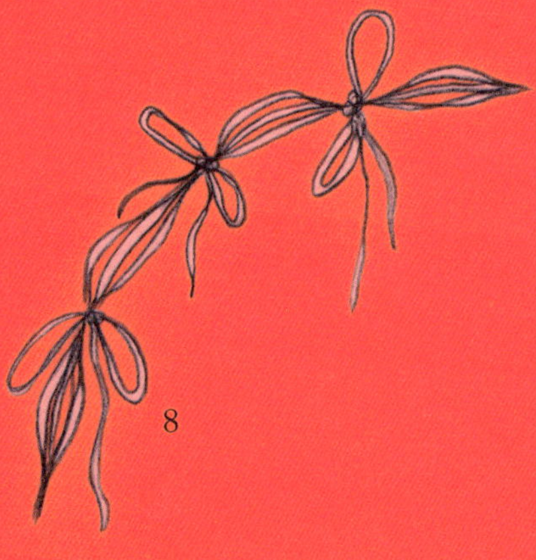
8

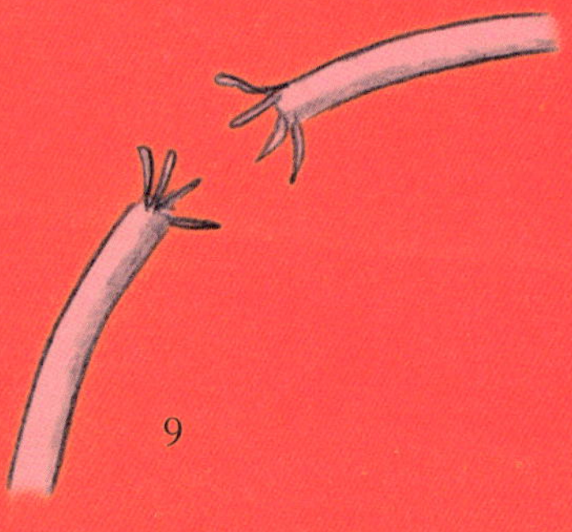
9

5. LES LIENS DE L'AMOUR

L'amour tisse des liens invisibles entre les êtres. Mais ces liens sont très différents selon les personnes et les situations. Certains rendent heureux, d'autres font souffrir. Certains sont tendus, d'autres sont élastiques. Parfois, la relation amoureuse se rompt, on peut la raccommoder, parfois, elle est très solide.

1- Relation harmonieuse. 2- Relation à sens unique. 3- Relation réciproque.
4- Relation à moitié vécue. 5- Relation tendue. 6- Relation libre. 7- Relation solide, mais enchaînée.
8- Relation rafistolée. 9- Relation rompue.

6. LES FÊTES DE L'AMOUR

**Tout le monde connaît la Saint-Valentin…
D'où vient cette fête ? Où est-elle célébrée ?**

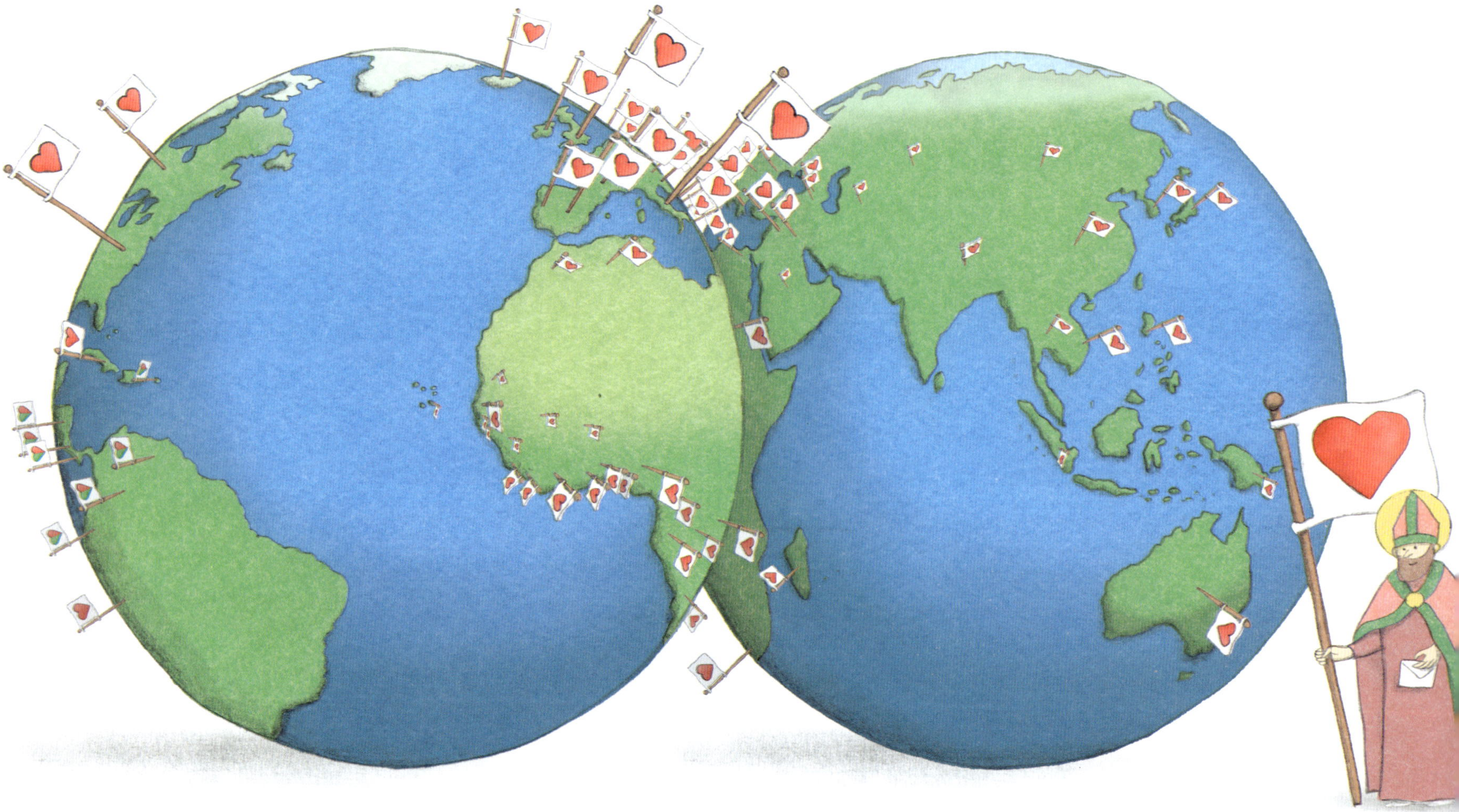

Saint Valentin de Ter

LA SAINT-VALENTIN DANS LE MONDE

Originaire d'Europe, la Saint-Valentin est devenue la fête de l'amour la plus célébrée dans le monde. Mais certains pays gardent leurs propres traditions et quelques autres l'interdisent (Pakistan, Malaisie, Inde, Russie…).

D'où vient la Saint-Valentin ?

Il y a plus de 2000 ans, tous les 15 février, les Romains célébraient l'arrivée du printemps et le dieu Faunus, lors des fêtes des Lupercales.

Au ve siècle, alors que Rome est christianisée, la date du 14 février est dédiée à un martyr chrétien décapité par les Romains : saint Valentin.

Au Moyen Âge, la vie de Valentin de Terni est devenue légendaire dans les cours européennes : un amour serait né entre Valentin et Julia, la fille de son geôlier. Julia, aveugle de naissance, aurait recouvré la vue en présence de son bien-aimé. La veille de son exécution, le saint lui aurait remis un billet, signé : « de ton Valentin ».

Au xive siècle, la Saint-Valentin est d'abord fêtée en Angleterre où des amoureux commencent à s'offrir des mots doux, tous les 14 février. **Puis, en 1496, le pape Alexandre VI Borgia fait de saint Valentin le saint patron des amoureux.**

CALENDRIER DES FÊTES DE L'AMOUR

LA SAINTE-DWYNWEN

Pays de Galles

Les Gallois fêtent l'amour en célébrant la légende de sainte Dwynwen, la fille d'un roi gallois, malheureuse en amour. Le 25 janvier, les amants s'offrent des cartes, mais aussi de jolies cuillères en bois.

LA SAINT-VALENTIN

Monde

Chaque 14 février, l'amour romantique est célébré dans la plupart des pays. En France ou aux Philippines, on offre des fleurs ; aux États-Unis, adultes et enfants s'échangent des cartes appelées *valentines*. En Égypte et en Irak, les boutiques sont remplies de cadeaux rouges : cœurs, ours en peluche... Au Japon et en Corée du Sud, les femmes offrent à leurs amoureux des chocolats. À Singapour, les jeunes célibataires écrivent leur numéro de téléphone sur des mandarines jetées dans un fleuve, etc.

Comment échapper à la Saint-Valentin ?

Dans tous les pays où la Saint-Valentin est fêtée, les amoureux(ses) s'offrent des cadeaux. Imagine tous les cadeaux achetés en même temps... c'est gigantesque ! La Saint-Valentin est devenue une grande fête commerciale. **Tu n'es pas obligé(e) d'y participer.**

LE WHITE DAY

Japon, Corée du Sud

Dans ces pays, les femmes offrent des cadeaux aux hommes le 14 février. Exactement un mois après, c'est au tour des hommes d'offrir un cadeau, des gâteaux ou des chocolats, toujours blancs : c'est le « White day ». Les Coréens ont créé le « Black day » : tous les 14 avril, les célibataires se retrouvent pour manger des pâtes noires.

LA SANT JORDI

Catalogne

Les Catalans fêtent l'amour... et la culture en avril. D'après la légende de Sant Jordi (saint Georges), le chevalier a terrassé un terrible dragon qui allait dévorer une princesse. Un magnifique rosier est né du sang du dragon, et Sant Jordi en a cueilli une rose pour la princesse. Pour célébrer la légende, les hommes offrent une rose aux femmes qui leur offrent un livre en retour.

DIA DOS NAMORADOS

Brésil

Les amoureux brésiliens s'échangent des cadeaux, des fleurs, le jour de la Saint-Antoine-de-Padoue. Ce saint porte chance aux futurs mariés et aux couples.

LA FÊTE DE QIXI

Chine

Les Chinois fêtent depuis peu de temps la Saint-Valentin tout en conservant la fête de Qixi, une ancienne tradition. La 7e nuit du 7e mois du calendrier lunaire chinois, deux constellations sont visibles dans le ciel : le Bouvier et la Tisserande. Ces deux constellations sont associées à deux personnages amoureux et fidèles, séparés par la Voie lactée. En leur honneur, les femmes célibataires portent un habit traditionnel, préparent des gâteaux et prient dans l'espoir de trouver une âme sœur. La date de cette fête change chaque année (en 2025, c'est le 29 août).

LA FÊTE DE L'AMOUR ET DE L'AMITIÉ

Colombie, Bolivie

En Amérique du Sud, la Saint-Valentin est aussi une fête de l'amitié : « el Dia del Amor y la Amistad ». Quelques pays l'ont déplacée dans le calendrier. Pour les Colombiens et les Boliviens, c'est le 3e samedi du mois de septembre.

Les saisons de l'amour

Les fêtes de l'amour seraient-elles calquées sur les cycles naturels ? Pour les Anglais du XIVe siècle, fêter l'amour le 14 février est le moment de l'année où les oiseaux chantent pour s'accoupler, où les premiers bourgeons apparaissent. Mais les changements de saison ne sont pas les mêmes dans l'hémisphère Nord et l'hémisphère Sud... Ainsi, plusieurs pays sud-américains fêtent la Saint-Valentin au moment de leur printemps, en septembre.

7. HISTOIRES D'AMOUR

Sur tous les continents, on raconte des histoires d'amour passionnées. En voici quelques-unes où les amants défient les traditions...

ROMÉO & JULIETTE

Italie, XVIe siècle

***Romeo & Giulietta* est écrit par l'italien Luigi Da Porto au XVIe siècle. L'anglais William Shakespeare s'en inspire pour écrire une pièce de théâtre qui deviendra une des tragédies amoureuses les plus célèbres au monde.**

À Vérone, Roméo est amoureux de Rosaline, mais elle l'ignore. Apprenant qu'elle sera présente au bal de la famille Capulet donné en l'honneur de leur fille Juliette, Roméo décide d'y aller. Mais rien ne se passe comme prévu... Il rencontre Juliette et, au premier regard, leur destin est scellé! Malheureusement, le jeune homme appartient aux Montaigu, la famille rivale des Capulet. Après ce bal, Juliette ne cesse de penser à Roméo qui, de son côté, est prêt à tout pour la revoir. Un soir, au clair de lune, il rejoint sa bien-aimée sous son balcon. « Roméo! » « Juliette! » : leurs prénoms sont unis pour l'éternité.

Les amants se marient en cachette et vivent un grand bonheur jusqu'au jour où Roméo assiste à un conflit entre les deux familles rivales, dans une rue de Vérone. Obligé de défendre les siens, il participe au combat et tue le fougueux Tybalt Capulet. Le seigneur de la ville ordonne le bannissement à vie de Roméo.

Voyant Juliette effondrée, le frère Laurent lui propose un stratagème: boire un poison qui la fait paraître morte durant deux jours. Juliette peut ainsi échapper au mariage forcé voulu par ses parents, et rejoindre son bien-aimé. Juste avant le faux empoisonnement, la jeune fille envoie une lettre à Roméo pour l'informer du subterfuge. Les parents découvrent le corps inanimé de Juliette. Accablés de douleur, ils organisent sa mise au tombeau dans une église. Roméo apprend ce drame et se rend discrètement sur le tombeau. En l'ouvrant, il pleure de désespoir et s'empoisonne avant de s'allonger sur le corps de sa bien-aimée.

Peu de temps après, le faux poison arrive à son terme dans les veines de Juliette qui se réveille et découvre, avec un terrible effroi, le corps sans vie de Roméo. Elle comprend alors que sa lettre n'est jamais arrivée et se poignarde auprès de son amour impossible.

Unies par cette mort tragique, les familles ennemies se réconcilient. Les Montaigu promettent d'ériger une statue en or de Juliette pour honorer sa mémoire.

LES AMANTS SHIPIBO

Pérou, XXe siècle

Les Indiens shipibo vivent dans la forêt amazonienne où les histoires mettent souvent en scène des relations entre des humains et des animaux.

Il y a très longtemps, Huetsa, une jeune Indienne shipibo, était mariée à un vieil homme malade. Le mari étant tout le temps alité, il ne pouvait les nourrir. Chaque matin, la jeune femme allait pêcher, mais ne rapportait que de petits poissons. Le mari dépérissait à vue d'œil. Un jour, alors qu'Huetsa espérait une pêche fructueuse, le grand boa Ronon Ehua surgit des eaux en se transformant en beau jeune homme. Ils tombent aussitôt amoureux! Chaque jour, la jeune femme retrouve son amant et rapporte au foyer d'énormes poissons pêchés par le boa. Intrigué, son beau-frère décide de la suivre en cachette jusqu'à la berge où il découvre Huetsa et le serpent enlacés... Profitant du départ de sa belle-sœur, il surprend le boa et le découpe avec une hache de pierre. À son retour, Huetsa aperçoit la mère de tous les serpents pleurant la disparition de son fils.

Attristées, elles s'entraident et retrouvent les morceaux du boa. Grande chamane, la mère des serpents recolle le corps de l'animal et lui redonne vie, mais lui interdit de revoir les humains. Désespérée, Huetsa retourne au village sans savoir qu'elle porte en elle une partie de son bien-aimé. Neuf mois plus tard, elle donne naissance à des jumeaux: les fondateurs du clan Renobos.

MAJNOUN & LEYLÂ

Moyen-Orient, VIIe siècle

Cette histoire d'amour est une des plus célèbres du Moyen-Orient. Mais on ne sait pas si elle s'inspire de personnages réels.

Le jeune poète Qays tombe amoureux de sa cousine Leylâ. Il la séduit, mais ses poèmes passionnés provoquent la haine du père, furieux que son neveu ne respecte pas la tradition du mariage arrangé. Il le dénonce au calife de Damas et exige son exécution. Intrigué par cette histoire, le calife convoque les amants dans son palais. Déçu par la prétendue beauté de Leylâ, il interroge Qays pour comprendre sa fascination. L'amoureux ouvre son cœur : « Elle est sublime, mais tu ne peux pas comprendre cet amour infini, car tu n'as pas mes yeux pour la voir ».

La famille de Leylâ s'oppose toujours à cette union, et Qays devient si fou qu'on le surnomme Majnoun, le « fou d'amour ».

Un jour, un ami lui annonce la venue de Leylâ, mais Majnoun l'implore aussitôt : « Non ! Éloigne-la de ma vue sinon elle m'empêchera de penser à mon amour pour elle ». Résignée, la jeune femme se mariera quelques années plus tard.

Majnoun se retire dans le désert pour vivre parmi les bêtes sauvages. On le retrouve mort, serrant contre son cœur un poème dédié à son amour.

LES AMANTS PAPILLONS

Chine, IIIe-IVe siècle

Cette romance est une des plus populaires de Chine. Elle aurait plus de 1600 ans et existe sous forme de conte, de film, de concert et d'opéra.

Zhu Yingtai envie ses frères qui poursuivent des études, alors qu'on l'oblige à rester au foyer. « Et si je me déguisais en garçon ? » Zhu persuade ses parents d'aller à Hangzhou pour passer les concours impériaux. En chemin, elle rencontre le jeune et doux Liang Shanbo. Ils se lient d'amitié durant leurs trois années d'études. Zhu préserve son secret, mais tombe peu à peu amoureuse de son ami, jusqu'au jour où son père exige son retour. « Je dois révéler mon amour à Liang, mais comment lui avouer mon mensonge ? » Elle renonce alors à cette passion.

Quelques mois plus tard, en rendant une visite surprise à Zhu, Liang découvre sa véritable identité et en tombe éperdument amoureux. Mais le père de Zhu lui annonce son mariage arrangé avec un noble. Désespéré, Liang meurt de chagrin. Le jour des noces, lorsque le cortège de la jeune mariée passe près de la tombe de Liang, Zhu pleure en le suppliant et provoque un tourbillon qui entrouvre le tombeau. Elle se jette alors dans ce trou béant d'où ressortent aussitôt deux papillons virevoltant librement.

TE VAHINE & TAAROA

Tahiti

Cette histoire est un conte polynésien. Dans la mythologie tahitienne, les dieux passent leur temps à jouer des tours aux humains.

Te Vahine et Taaroa s'aiment passionnément, mais ils sont trop beaux pour les dieux, qui s'opposent à leur relation. De leur amour naît une fille : Te vahine moea i te'o pua rau, « la femme endormie dans le jardin des fleurs ».

Un jour, l'enfant joue dans la forêt et disparaît mystérieusement. Désespérés, ses parents rencontrent un sorcier qui leur apprend que leur fille est transformée en une fleur verte et odorante. Seul un homme patient pourra la délivrer. De nombreux jeunes hommes s'aventurent dans la vallée pour la trouver, mais ils sont transformés en fougères.

Quatorze ans plus tard, Taaroa ha'iha'i te rouru tarere, « l'homme aux cheveux longs », tente sa chance. Le sorcier lui recommande de faire preuve de patience. Taaroa parvient à trouver la fleur nichée au milieu d'une centaine de fougères et s'assoit devant elle, immobile, sans boire ni manger. Le cinquième jour, la fleur s'ouvre en laissant apparaître une magnifique silhouette de femme. Te vahine s'approche de son sauveur... ils tombent amoureux et la jeune fille retrouve ses parents.

8. TROUVER L'AMOUR

L'amour est là. Il naît subitement et sa force est magique. Entre le moment où l'on tombe amoureux et la déclaration d'amour, que se passe-t-il ?

TOMBER AMOUREUX

Un beau jour, tu croises un regard qui fait chavirer ton cœur. C'est plus fort que toi, tu es irrésistiblement attiré(e) par cette personne. Tu es en train de tomber amoureux(se)...

C'est un grand choc sensoriel, physique, et émotionnel. Même si ton cœur accélère, c'est surtout ton cerveau qui s'emballe. Il produit des substances chimiques qui vont amplifier toutes tes émotions.

Que l'on ait 7 ans ou 77 ans, il est possible de tomber amoureux avec la même intensité !

VIVRE UN COUP DE FOUDRE ?

Si, en tombant amoureux(se), tu te sens comme foudroyé(e), hypnotisé(e), tu vis peut-être un coup de foudre. C'est un instant intense et inoubliable qui n'arrive pas souvent dans la vie !

Tout le monde ne vit pas un coup de foudre. Fruit du hasard, imprévisible, c'est un phénomène très difficile à étudier pour les scientifiques.

L'AMOUR DONNE DES AILES

Penser à l'être aimé procure une sensation unique de bonheur, très intense. On se sent léger(ère), joyeux(se), parfois euphorique. C'est un ravissement.

Mais trouver l'amour est aussi une source d'anxiété et de doutes : des questions surgissent... Que ressent-il/elle ? M'aime-t-il/elle un peu, beaucoup... ou pas du tout ?

VIVRE UN AMOUR

Après être tombé(e) amoureux(se), tu ressens le besoin de revoir le ou la bien-aimé(e), tu ne penses qu'à lui ou elle. C'est comme un grand souffle qui emporte tes émotions sur son passage.

Est-ce une illusion ou le début d'une vraie histoire d'amour ? Nul ne le sait à ce stade. Une chose est sûre... Tu es transporté(e) par le sentiment amoureux.

IMAGINER DES HISTOIRES

Avant de revoir l'être aimé, l'imagination prend le pouvoir sur ton esprit. Tu l'adores, tu l'idéalises et tu imagines des histoires incroyables…

L'émerveillement est tellement fort que l'on voit l'être aimé paré de cristal. Imagine une branche d'arbre laissée dans une mine de sel pendant deux mois. Quand on la ressort, elle est recouverte de milliers de cristaux étincelants. Au XIXe siècle, l'écrivain français Stendhal s'est inspiré de ce phénomène pour appeler cette phase de l'amour la « cristallisation ».

L'absence de l'être aimé crée un manque. L'imagination aide à combler ce vide.

Le pouvoir magique de l'imagination apporte du réconfort, nourrit l'espoir de revoir l'être aimé. Mais, parfois, l'imagination joue des tours, elle peut créer des mirages comme celui de faire croire que l'être aimé est amoureux de toi quand il/elle ne l'est pas.

ACCORDER LES AMOURS

Tu as la sensation que vous vous comprenez presque sans parler. Vos cœurs semblent accordés comme des instruments de musique.

La plupart des amoureux(ses) ont l'impression que l'être aimé est une sorte de double : une moitié, une âme sœur, un alter ego. Cela ne veut pas dire que c'est un double identique à soi comme un clone, mais plutôt un être complémentaire.

JE T'AIME

9. DÉCLARER SON AMOUR

L'être aimé occupe toutes tes pensées, comment exprimer tes sentiments ?

PROUVER SON AMOUR

Quand on aime une personne en secret, elle ne peut pas savoir combien elle est aimée. Elle est peut-être aussi amoureuse, ou pas. Il faut alors du courage pour ouvrir son cœur, révéler ses sentiments.

Il n'y a pas d'amour sans preuves d'amour.

Une preuve d'amour est une action qui exprime un sentiment amoureux. En recevant cette preuve, une lettre, une déclaration, un cadeau, etc. la personne désirée sait qu'elle est aimée. Qui sait ? Si elle t'aime, elle pourra plus facilement exprimer à son tour son amour.

FAIRE UNE DÉCLARATION

On peut déclarer son amour en le disant simplement ou en le déclamant théâtralement. Que ce soit en tête-à-tête ou en public, le plus important est d'être sincère.

Dans *Roméo & Juliette*, Roméo prend des risques pour avouer son amour à sa bien-aimée. Il escalade les murs du jardin des Capulet pour se retrouver sous les fenêtres des appartements de Juliette. Puis, il lui déclare sa flamme et avoue être prêt à renier son nom de famille pour leur permettre de vivre leur amour.

ÉCRIRE SON AMOUR

On peut aussi avouer son amour en mots ou en musique, en l'écrivant dans une lettre ou un poème, sur une feuille de papier, un mail, un mur, etc.

La plus ancienne lettre d'amour est *Le Chant d'amour pour Shu-Sin*. Cette tablette en argile vient de Babylone et a 4000 ans.

Au XIVe siècle, le poète italien Pétrarque a composé 366 poèmes enflammés pour sa bien-aimée Laure de Noves.

Au XIXe siècle, le musicien allemand Robert Schumann a déclaré son amour à Clara Wieck en composant *Chiarina*, un morceau pour piano.

Au XIXe siècle encore, pendant 50 ans, Victor Hugo et Juliette Drouet ont échangé plus de 22000 lettres dont une grande partie sont des lettres d'amour !

En 2017, l'artiste Cocovan a eu l'idée de faire une lettre d'amour au monde : elle mesure plus de 600 m et 21000 personnes y ont participé.

L'amour courtois

Au XIIe siècle, une étrange mode apparaît dans le sud de la France : l'amour courtois. C'est un idéal amoureux très raffiné où la bien-aimée est vénérée comme une reine.
Le chevalier cherche à la conquérir, il lui prouve son amour en respectant des règles.
Les valeurs nobles de cet amour sont la courtoisie, l'honnêteté, le respect, le goût du secret et le courage. Les déclarations enflammées et les histoires des chevaliers inspirent les poèmes et les premiers romans d'Europe : Lancelot du Lac, Yvain, Tristan et Yseut, etc. L'amour courtois se répand dans toutes les cours d'Europe.

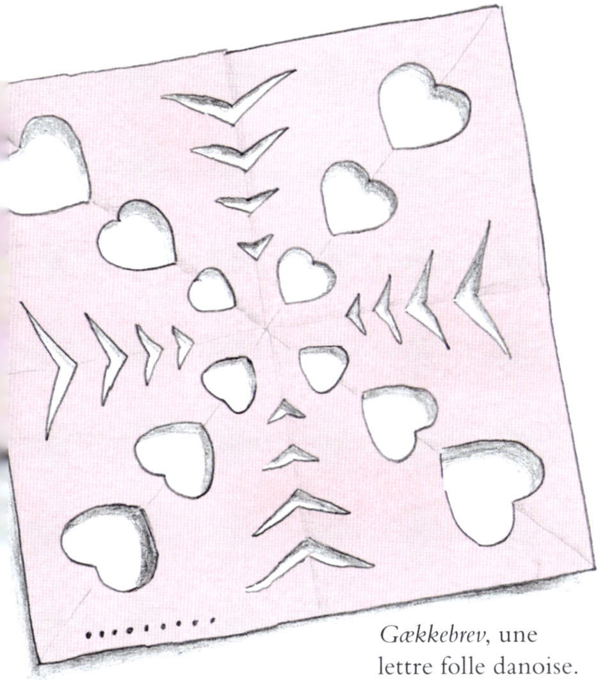

Gækkebrev, une lettre folle danoise.

OFFRIR UN CADEAU

Offrir un cadeau permet d'accompagner une déclaration d'amour. En cherchant un cadeau qui fera plaisir à la personne aimée, on essaie de toucher son cœur.

Dans beaucoup de pays, les amoureux(ses) s'offrent un peu les mêmes cadeaux : des fleurs, du chocolat, etc. Parfois, il faut chercher quelque chose de plus original, comme offrir un cadeau fait main : il est unique.

Certains pays ont des traditions incroyables, comme au Danemark : à Pâques, les amoureux envoient à leur bien-aimée une « lettre folle », une carte anonyme à déchiffrer.

SURPRENDRE

L'amour ne supporte ni la monotonie ni l'ennui… Il faut un peu d'imagination pour arriver à se démarquer, à étonner, à émerveiller…

Il y a plein de manières d'être original : semer des mots d'amour sur le trajet de l'être aimé, écrire des « je t'aime » à la craie sur le sol, faire le cake d'amour de *Peau d'âne*, organiser une soirée sous les étoiles, glisser des mots d'amour dans les fleurs d'un bouquet, etc.

Kidnapper l'être aimé… Un mauvais modèle !

Dans des contes, mais aussi dans certaines traditions, on raconte que les hommes prouvent leur amour en enlevant leur bien-aimée.

Dans *La Belle et la Bête*, Belle est enlevée par la Bête qui l'emprisonne dans son château. Belle, touchée par son amour, découvre l'âme de la Bête et tombe amoureuse.

Dans la mythologie grecque, la belle Perséphone est enlevée par Hadès, le roi des Enfers, mais elle ne tombera jamais amoureuse de son ravisseur.

De nos jours, dans quelques pays comme au Kirghizistan, la tradition du kidnapping par amour continue, malheureusement. C'est une réalité dramatique pour les femmes.

CHANTER, DANSER…

Chanter, jouer d'un instrument de musique permet de révéler nos sentiments. Il est aussi possible de réveiller des émotions cachées avec le corps, en dansant.

L'aubade et la sérénade sont des types de déclarations d'amour chantées sous la fenêtre de l'être aimé : l'aubade se déroule au lever du jour, et la sérénade se chante à la tombée du jour.

Certaines chansons d'amour continuent de faire vibrer les cœurs, comme *L'hymne à l'amour* d'Édith Piaf (France), *Ne me quitte pas* de Jacques Brel (Belgique), *When a Man Loves a Woman* de Percy Sledge (États-Unis), *In assenza di te* de Laura Pausini (Italie), *Piensa en mi* de Luz Casal (Espagne).

LAISSER UNE TRACE

Une fois l'amour avoué et partagé, certains couples se plaisent à laisser des traces de leur amour dans des lieux romantiques.

Sur certains ponts de Paris, les amoureux accrochent des cadenas sur lesquels ils dessinent leurs initiales dans un cœur.

Sur des arbres ou des murs, des amoureux inscrivent leurs initiales comme si leur amour allait traverser le temps.

Au XVIIe siècle, en Inde, l'empereur Shâh Jahân a fait construire un magnifique palais en l'honneur de Mumtâz Mahal, sa femme défunte : le Taj Mahal.

10. L'AMOUR ET LE CORPS

Le sentiment amoureux chamboule les émotions et cela se voit ! Ton corps envoie des signes qu'il faut savoir décoder. Observe-les bien…

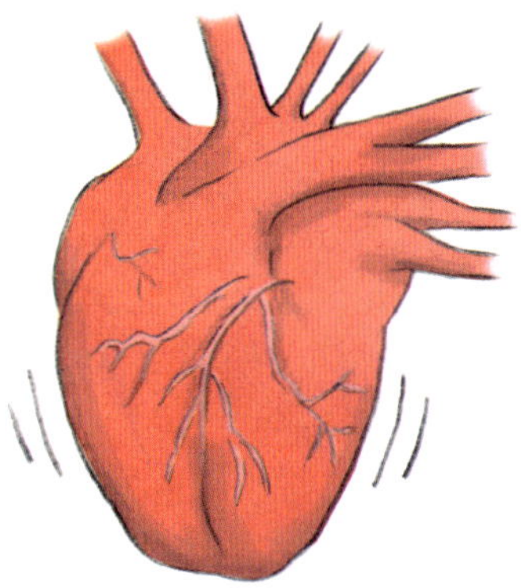

TON CŒUR BAT PLUS VITE

Le cœur bat au rythme de tes émotions : si tu es ému(e), il accélère.

Cela peut arriver avec des émotions négatives, comme la peur ou l'angoisse, et des émotions positives comme une joie intense ou la surprise de se retrouver en présence de l'être aimé.

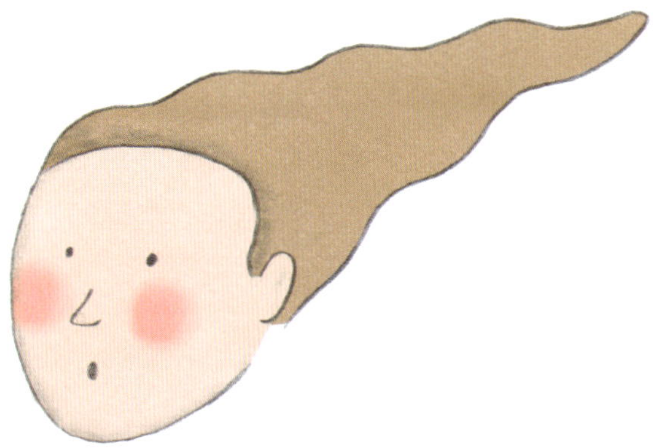

TU ROUGIS

Une sensation de chaleur envahit ton corps, un afflux de sang fait rougir tes joues, tes oreilles.

Il exprime un embarras, une gêne, une honte, de la timidité… et parfois un sentiment amoureux. Parmi les mammifères, seuls les humains sont dotés de ce curieux mécanisme de défense.

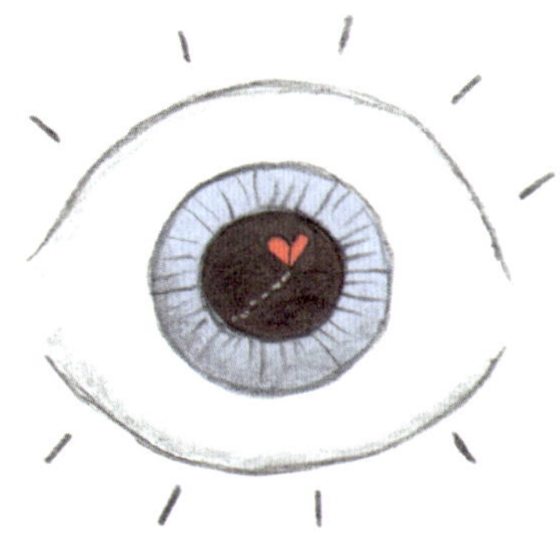

TES PUPILLES SE DILATENT

Les pupilles s'agrandissent quand les yeux manquent de lumière, mais aussi quand tu es très ému(e), ou si tu es attiré(e) ou troublé(e) par une personne.

Être en présence d'un être aimé provoque d'autres réactions étranges : un rire nerveux, une respiration et une transpiration anormales, des mains moites ou encore la sensation de papillons qui chatouillent le ventre.

Les odeurs de l'amour

Quand tu rencontres une personne qui te trouble, ton corps produit des substances chimiques qui émettent des odeurs imperceptibles. Ces odeurs agissent comme des messages codés. Sans le savoir, l'être « détectera » à son tour si ces odeurs l'attirent ou au contraire le repoussent.

La montée d'adrénaline

Ce mécanisme est une réaction normale de ton corps face à un danger ou une situation stressante. Ton système nerveux déclenche des rafales d'hormones. **Toute émotion, positive ou négative, provoque l'emballement de ton système nerveux.**

D'après les scientifiques, une partie du grand mystère de l'amour réside dans le cerveau.

LA CHIMIE DE L'AMOUR DANS LE CERVEAU

Quand tu penses à un être aimé, un **super cocktail chimique** circule dans ton cerveau.

L'amour active différentes zones cérébrales.

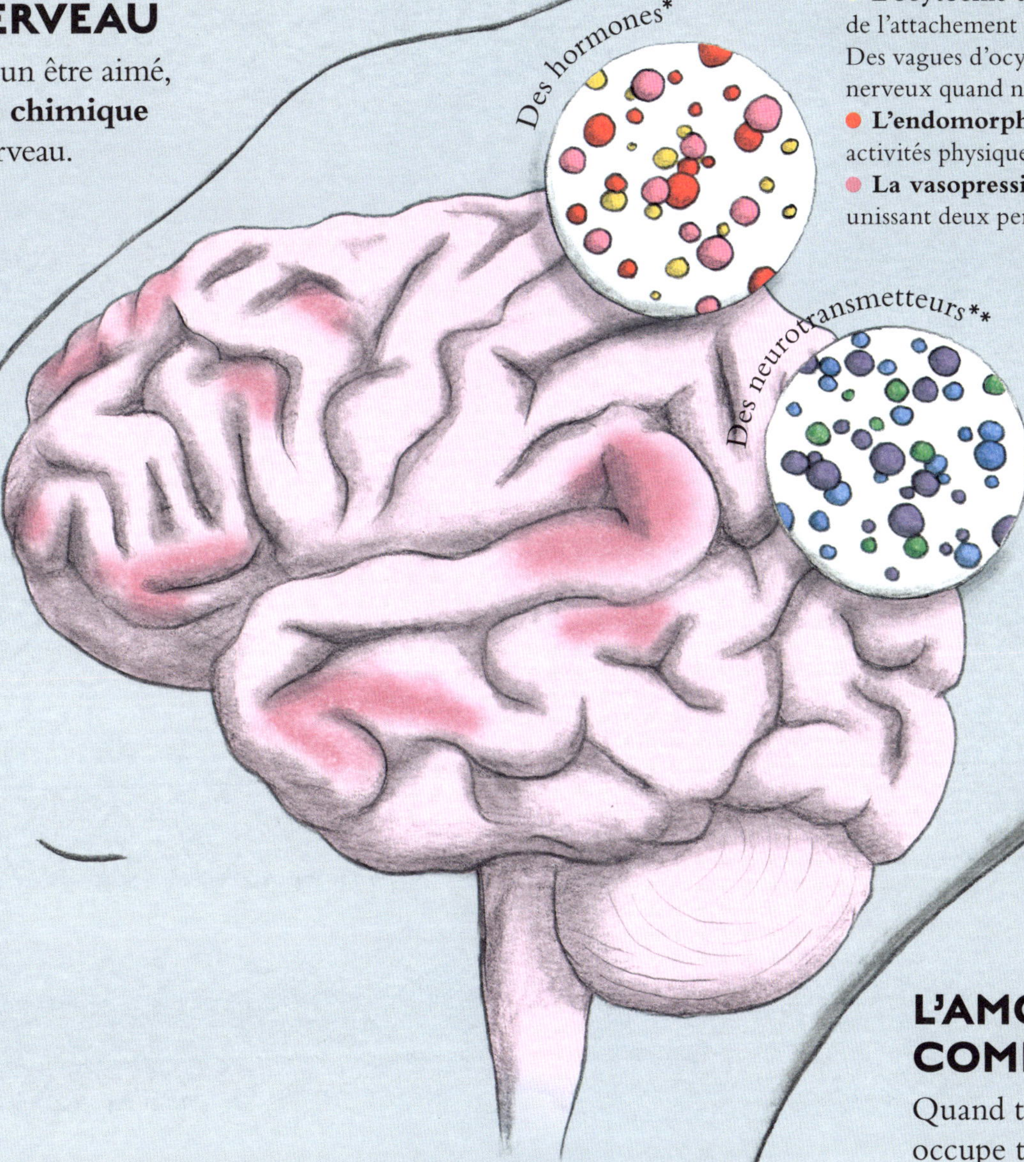

Les molécules de l'amour

- **L'ocytocine** est la principale hormone de l'attachement chez les mammifères. Des vagues d'ocytocine irriguent notre système nerveux quand nous aimons !
- **L'endomorphine** récompense les activités physiques (comme les rapports sexuels).
- **La vasopressine** renforce les liens d'attachement unissant deux personnes.

- **La dopamine** apporte du plaisir et du bonheur.
- **La noradrénaline** permet de se concentrer sur un être aimé.
- **La sérotonine** contrôle tes émotions, tristes ou joyeuses.

L'AMOUR AGIT-IL COMME UNE DROGUE ?

Quand tu aimes une personne, elle occupe tes pensées au point de te faire ressentir un manque qui peut devenir douloureux, un peu comme une drogue. Seule la présence de l'être aimé permet d'apaiser ce manque.

D'après les scientifiques, les circuits du cerveau activés par l'amour sont très proches de ceux activés par une drogue. Dans les deux cas, de la dopamine est libérée et brouille tes pensées.

* hormones : messagers chimiques qui circulent dans le sang partout dans ton corps.

** neurotransmetteurs : messagers chimiques qui voyagent dans le cerveau ou les nerfs.

II. SOUFFRIR... D'AMOUR

Vivre une histoire d'amour, c'est traverser des moments heureux, mais aussi des épreuves difficiles et parfois douloureuses.

UN CHAGRIN D'AMOUR

Un chagrin d'amour est une peine de cœur qui arrive lorsque l'amour est à sens unique ou après une rupture amoureuse.

C'est une épreuve qui blesse profondément. Quand la tristesse s'installe trop longtemps dans le cœur, cela fait souffrir. Heureusement, notre cerveau est bien fait : avec le temps, la mémoire finit par mettre de côté les expériences négatives.

ES-TU JALOUX(SE) ?

La jalousie est une émotion forte qui vient de la peur de perdre l'être aimé et d'être abandonné. Elle peut être normale et parfois excessive...

Si tu ressens parfois de la jalousie, c'est tout à fait normal. Mais il ne faut pas que cela dure longtemps. Les personnes trop jalouses ne contrôlent plus leurs émotions et imaginent des choses qui n'existent pas. Quand elle est débordante, la jalousie est une source de peine dans une histoire d'amour.

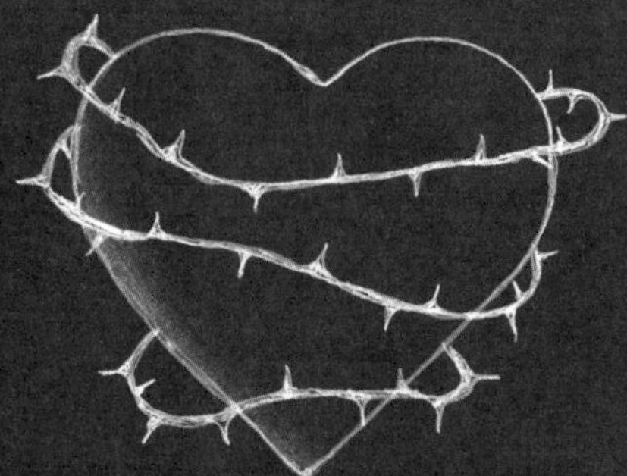

PEUT-ON MOURIR D'AMOUR ?

Normalement, non ! Heureusement, la vie n'est pas aussi tragique que dans l'histoire de *Roméo & Juliette*, où ils se suicident.

Dans d'autres histoires d'amour, comme *Les Amants de Teruel*, *Tristan et Yseut*, *Les Amants papillons*, les amoureux meurent à la fin. Malheureux dans la vie, ils restent unis dans l'amour. Mais en réalité, il est très rare de mourir d'amour.

Quelques maladies et troubles de l'amour

Le harcèlement amoureux
Une personne amoureuse insiste trop pour déclarer ses sentiments, au point de devenir envahissante, intrusive.

L'amour obsessionnel
Une personne amoureuse pense tout le temps à l'autre jusqu'à vouloir le/la posséder.

La jalousie maladive
Une personne amoureuse est tout le temps jalouse au point de faire souffrir l'être aimé.

L'érotomanie
Une personne amoureuse délire en étant persuadée que l'être convoité l'aime également, alors que ce n'est pas du tout vrai.

En général, l'amour insuffle surtout du bonheur... Quand c'est douloureux, c'est que l'histoire d'amour n'est pas bien partagée. Il vaut mieux arrêter une histoire qui fait souffrir.

12. COMBIEN DE TEMPS DURE L'AMOUR ?

Une histoire d'amour dure... un peu... longtemps... très longtemps... Existe-t-il une règle secrète pour savoir quand l'amour s'arrête ?

Maintenir la flamme de l'amour

La durée de l'amour dépend de la relation et de la communication entre les partenaires. Mots d'amour, tendres attentions, surprises, câlins, marques d'affection... Tous ces petits gestes renforcent l'intimité amoureuse et font durer une histoire.

LA RUPTURE AMOUREUSE

À chaque histoire son chemin. Beaucoup d'entre elles sont brèves.

La rupture marque la fin de l'histoire d'amour. Cela se passe parfois bien, ou mal. Et quelquefois, l'histoire d'amour recommence de plus belle.

Une formule pour calculer la durée d'un couple ?

Des chercheurs ont imaginé une formule mathématique pour prédire la fin d'une histoire d'amour :

$$L = 8 + 0{,}5Y - 0{,}2P + 0{,}9Hm + 0{,}3Mf + J - 0{,}3G - 0{,}5\,(Sm - Sf)^2 + I + 1{,}5C$$

Chaque lettre correspond à un paramètre : famille, enfants, sexualité, humour, partenaires précédents, etc. Chaque paramètre est noté de 1 à 5.

Même si cette formule est amusante, il est impossible de prédire avec certitude la durée de vie d'une relation.

13. EXPLORER L'AMOUR

Imagine que l'amour est comme une carte à découvrir…

Monts de l'Exaltation
CONTINENT DE LA DÉVOTION
Sommet de l'Euphorie
Royaume du Bonheur
Détroit du Mystère
Île de la Jalousie
Île de la Possessivité
TERRES DE L'AMOUR PASSIONNÉ
Volcan de la Passion
Ravins de la Colère
Forêt de la Fantaisie
le de l'Anxiété
Vallée des Discordes
Sentiers de l'Amour Fou
Canyon des Trahisons
Marais de la Tristesse
Tourbillon de la Rupture
Lac du Manque
Mine de la Cristallisation
Cascades des Chagrins d'amour
Monts des Âmes Sœurs
Vallée des Désirs
TERRES DE L'AMOUR ROMANTIQUE
Col de la Patience
OCÉAN DE L'ATTACHEMENT
Jardins du Respect
Vergers de l'Humour
Vergers de la Confiance
Sentiers u Doute
Bois du Secret
Forêt de la Tendresse
Canal du Détachement
Delta du Partage
Île de l'Indifférence
Mer de la Bienveillance
CONTINENT DE L'AMOUR DU MONDE
Côtes de l'Oubli
Prairie de l'Émerveillement
OCÉAN DE TACHEMENT

14. L'AMOUR DANS LES MYTHES ET LES RELIGIONS

L'amour traverse le temps et les cultures.
Il est présent dans des textes religieux et des mythes très anciens.

ÉROS & PSYCHÉ

Grèce-Rome

Ce mythe grec a 2400 ans! L'histoire a ensuite été écrite par un Romain au Ier siècle ap. J.-C., puis elle inspirera de célèbres contes comme *La Belle & la Bête*, *Cendrillon*, *La Belle au bois dormant*, etc.

Psyché est une princesse dont l'éblouissante beauté surpasse celle d'Aphrodite. Jalouse, la déesse de l'amour ordonne à son fils Éros de la rendre amoureuse de l'être le plus affreux. Mais Éros se blesse avec une flèche et tombe amoureux de la princesse.

Le roi, soucieux de marier sa fille, consulte un oracle qui lui ordonne de l'abandonner sur un rocher où un monstre la rejoindra pour l'épouser. Délaissée par son père, Psyché est transportée par un vent divin jusqu'au palais d'Éros. Invisible aux yeux de la princesse, le dieu lui interdit de découvrir son identité. Ils vivent un grand amour jusqu'à ce que Psyché cède à la curiosité en éclairant le visage d'Éros endormi, à l'aide d'une lampe à huile... mais une goutte tombe sur son bien-aimé qui se réveille et s'enfuit aussitôt.

Désespérée, Psyché part à sa recherche et supplie Aphrodite de l'aider. La déesse lui impose quatre épreuves: trier des grains, trouver de la laine d'or de moutons anthropophages, recueillir de l'eau du Styx et descendre aux Enfers pour rapporter un morceau de beauté divine contenu dans la boîte secrète de Perséphone. Psyché l'ouvre et sombre dans un sommeil profond. Éros retrouve sa bien-aimée et la réanime. Il implore les dieux de les laisser vivre leur amour. Psyché devient une déesse en buvant le nectar d'immortalité. De leur mariage naît leur fille Volupté, déesse du plaisir.

Hathor (Égypte) : déesse de l'amour, de la beauté et de la musique.

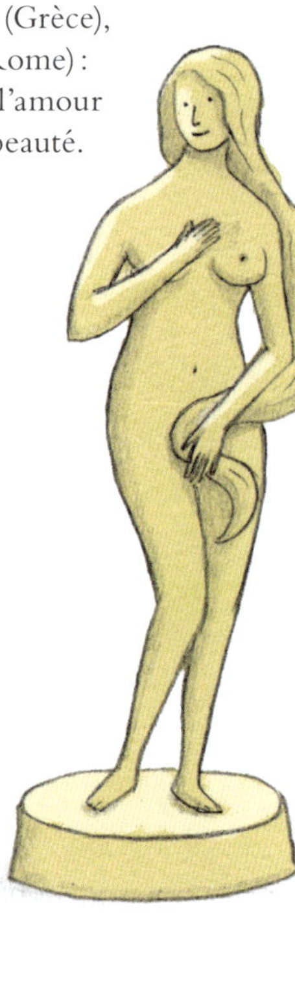

Aphrodite (Grèce), Vénus (Rome) : déesse de l'amour et de la beauté.

Éros (Grèce), Cupidon (Rome) : fils d'Aphrodite/Vénus, dieu de l'amour et du désir.

Freyja (Scandinavie) : déesse de l'amour, de la fertilité et de la guerre.

SALOMON & SA BIEN-AIMÉE

Bible

Cette histoire d'amour vient du *Cantique des Cantiques* (dans l'Ancien Testament). C'est une des plus anciennes déclarations d'amour de l'humanité.

Le grand roi Salomon et une femme d'origine modeste tombent éperdument amoureux. Contrairement aux usages, le roi se déplace jusque sous sa fenêtre pour lui déclarer son amour enflammé et l'inviter à le rejoindre. Transporté d'amour, il compare ses yeux à des colombes, ses lèvres à des fleurs de lys... Elle lui fait perdre les sens.

De son côté, la bien-aimée lui exprime également une admiration totale et un amour sans limite. Elle est si émue qu'elle se dit malade d'amour. La nuit, elle rêve qu'elle le cherche dans la ville, court partout... Ils se voient, se revoient et ne peuvent pas se passer l'un de l'autre. L'amour des deux amants les consume comme le feu du ciel.

MARIE & JOSEPH

Bible

Cette histoire vient du Nouveau Testament, le livre qui raconte la vie de Jésus-Christ. Ce couple est le modèle idéal de la famille et du mariage pour les chrétiens.

Marie, jeune fille d'une grande pureté, et Joseph, charpentier vertueux, se rencontrent à Nazareth où ils se fiancent. Un jour, l'ange Gabriel annonce à Marie qu'elle a été choisie pour devenir la mère du Fils de Dieu. Comment une femme peut-elle enfanter sans père ? Joseph, incrédule, rejette d'abord sa fiancée. Mais il reçoit la visite d'un ange qui lui explique que Marie est dans la vérité. Confiant, Joseph accepte cette nouvelle inouïe. Les deux fiancés retrouvent l'union des cœurs et se marient. Quelques mois plus tard, ils accueillent le nouveau-né, Jésus-Christ. Les époux s'aiment en poursuivant une vie simple et chaste, pleine de bonté et de dévouement.

LE BOUVIER & LA TISSERANDE

Japon/Chine

Originaire de Chine, cette légende est adoptée au Japon au VIIIe siècle. Elle est liée à une fête célébrée en Chine (Qixi) et au Japon (Tanabata, la fête des étoiles).

Le jeune Hikoboshi passait son temps à labourer. Il travaillait si bien qu'on l'appelait « le bouvier ». Un jour, il rencontre en chemin une immortelle, la belle Orihime, fille de l'empereur céleste, reconnue pour tisser avec ferveur les plus beaux ouvrages du ciel. Leur amour naît au premier regard. Ils se marient et ont deux enfants. Emportés par leur amour, les amants s'amusent au point de délaisser leur travail.

Irrité par la paresse et l'oisiveté de sa fille et de son gendre, l'empereur envoie des gardiens la ramener de force. Voyant le bouvier les poursuivre désespérément pour retenir Orihime, l'impératrice trace dans le ciel une large rivière pour séparer les amants : la Voie lactée.

Touché par le désespoir des amants séparés, l'empereur leur accorde une faveur : se revoir une fois par an, le 7e jour du 7e mois. Depuis, chaque année, des pies forment un pont au-dessus de la Voie lactée pour que les amants se réunissent.

Dans l'astronomie chinoise, le Bouvier et la Tisserande sont les noms des étoiles Altaïr et Véga.

Xochiquetzal (Aztèques) : déesse de l'amour et de la beauté.

Oshun (Brésil) : déesse de l'amour.

Kâma (Inde) : dieu du désir.

15. LES FILS DE L'AMOUR

Il n'existe pas une manière d'aimer, mais des dizaines, des centaines, etc. Chaque histoire d'amour est comme un fil que l'on suit sans savoir où il nous mène.

Mode d'emploi

Teste ta vision de l'amour en cochant les cases de ton choix. L'amour évolue en grandissant... Dans 5 ans, 10 ans, 20 ans, ouvre ce livre pour comparer ces visions de l'amour avec celles que tu auras vécues.

QUI AIMER ?

JE CHERCHE UNE PERSONNE...

- ❑ ... différente de moi.
- ❑ ... qui me ressemble.
- ❑ ... complémentaire (ma moitié).
- ❑ ... qui ressemble à mon père.
- ❑ ... opposée à mon père.
- ❑ ... qui ressemble à ma mère.
- ❑ ... opposée à ma mère.
- ❑ Ça m'est complètement égal !

GARÇON/FILLE ?

- ❑ J'aime les garçons.
- ❑ J'aime les filles.
- ❑ J'aime les garçons et les filles.
- ❑ Ce genre de case ne m'intéresse pas.

QU'EST-CE QUI GUIDE TON AMOUR ?

- ❑ Je souhaite provoquer l'amour.
- ❑ Je laisse faire le destin.
- ❑ Je laisse le hasard me guider.
- ❑ Je laisse faire mes gènes.
- ❑ Je laisse un dieu ou des dieux choisir pour moi.
- ❑ Je ne souhaite rien.

AIMER LONGTEMPS ?

L'AMOUR ET LE TEMPS

- ❑ J'aime pour toute la vie.
- ❑ J'aime longtemps.
- ❑ Je n'aime pas longtemps.
- ❑ Je n'aime pas attendre.

PLUS TARD, QUELLE UNION ?

- ❑ Je souhaite un mariage d'amour.
- ❑ Je souhaite un mariage religieux.
- ❑ Je ne veux pas me marier.
- ❑ Je ne me pose pas la question.

QUEL TYPE D'AMOUR ?

L'INTENSITÉ DE L'AMOUR

- ❑ J'aime un peu.
- ❑ J'aime beaucoup.
- ❑ J'aime passionnément.
- ❑ Je n'aime pas du tout.

L'AMOUR ET LES AUTRES

- ❑ Je n'aime qu'une personne à la fois.
- ❑ J'aime plusieurs personnes à la fois.
- ❑ Je préfère rester seul(e).

LES CERCLES DE L'AMOUR

- ❑ Je n'aime que moi.
- ❑ J'aime ma famille.
- ❑ J'aime mes ami(e)s.
- ❑ J'aime tout le monde.
- ❑ J'aime la Nature.
- ❑ J'aime Dieu.
- ❑ Je préfère l'idée de l'amour à un vrai amou
- ❑ Je n'aime toujours rien.

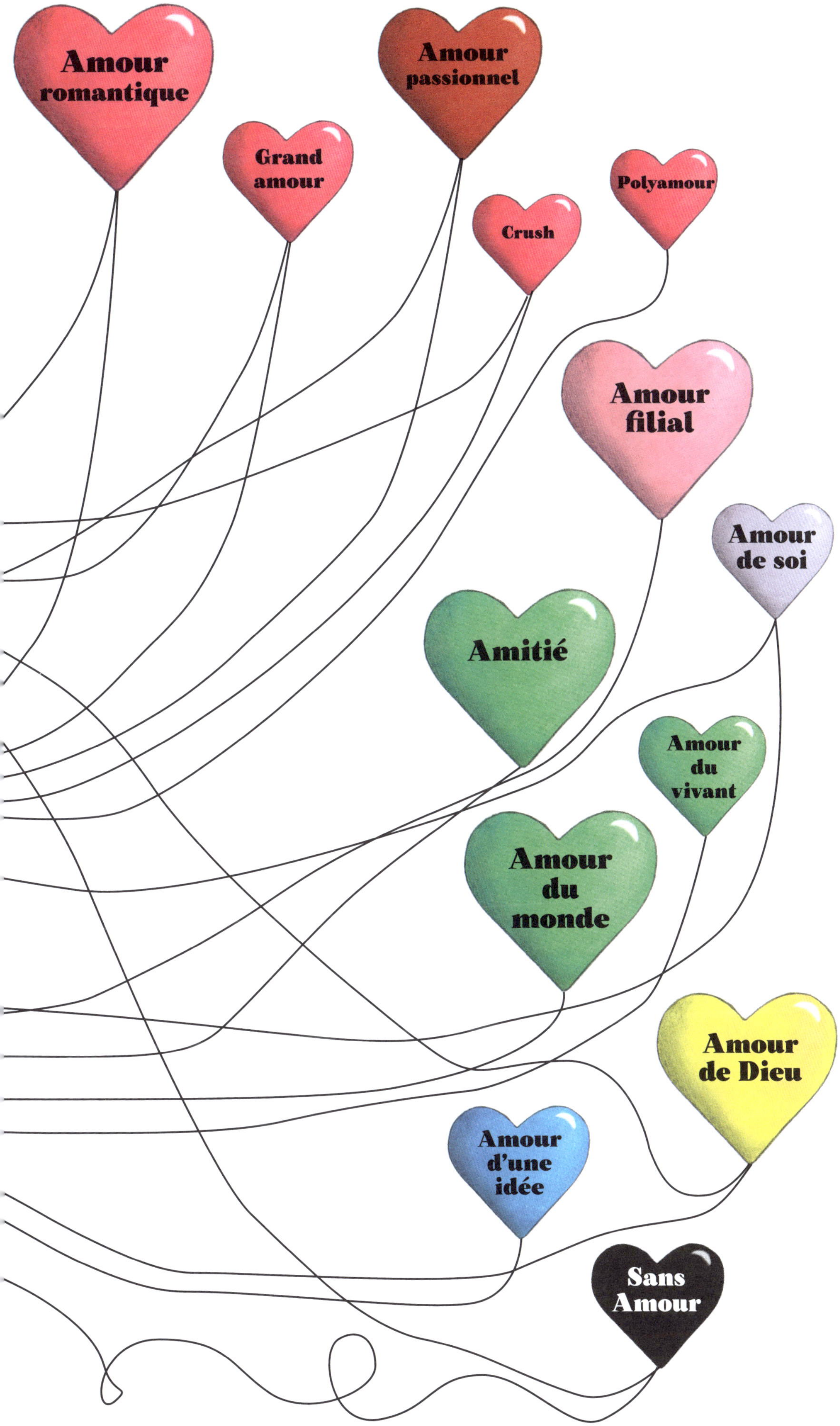

C'est ton histoire

Dans une histoire d'amour, le plus important est de la vivre sans être trop influencé par le regard des autres : famille, société, réseaux sociaux… Cela ne veut pas dire qu'il ne faut pas écouter ses parents, mais c'est ton histoire ! Il faut trouver un équilibre entre vivre une histoire qui nous appartient et une histoire liée à notre milieu.

Détrôner le prince charmant

Le prince charmant est partout, dans les contes, les dessins animés, les films et les livres. Il règne sur un monde imaginaire, il fait rêver. Alors… pourquoi vouloir le détrôner ?

Le prince charmant a trop de pouvoir. Souvent fils de roi, il est très beau et fortuné. De son côté, sa bien-aimée est surtout belle, et parfois pauvre. Entre eux deux, c'est le grand amour, mais quand on y pense, ce n'est pas équilibré.

Le prince charmant crée beaucoup d'attente et d'espoir. C'est un idéal romantique exagéré qui ne correspond pas à la réalité. En fait, le prince charmant est une illusion !

16. DES ANIMAUX AMOUREUX ?

Les humains ressentent et expriment des sentiments amoureux. D'autres espèces peuvent-elles être amoureuses? Les animaux expriment surtout de l'attachement...

LES VIES SEXUELLES DES ANIMAUX

La vie sexuelle des animaux réserve bien des surprises! Elle n'est pas seulement utile à la reproduction, elle peut aussi révéler des liens profonds entre eux.

Les bonobos ont une pratique sexuelle très intense, pour se reproduire, régler les problèmes dans leur groupe, mais aussi pour le plaisir.

Certains animaux ont des pratiques sexuelles entre individus de même sexe, comme les dauphins gris, les lions, les girafes et les manchots.

Après la reproduction, la vie des couples est très variable : certains sont fidèles, d'autres pas du tout. La fidélité révèle un attachement qui dure longtemps, comme chez les loups, les gibbons, les castors européens, les fennecs, etc.

LES PREUVES DE L'ATTACHEMENT

Souviens-toi d'un chien ou d'un chat qui t'a exprimé son affection. La plupart des mammifères et des oiseaux ont des comportements qui prouvent leur attachement.

Les femelles mammifères révèlent leur attachement de différentes façons. Lorsque survient un danger, l'éléphante, la louve ou l'ourse protègent leurs petits. Quand elles allaitent, leur montée de lait provoque une production d'ocytocine qui stimule l'attachement.

Le manchot de terre Adélie offre des petits cailloux à la femelle... Si elle les accepte, ils construiront leur nid et seront attachés.

Dans une expérience scientifique, un rat est soumis à un test crucial : prendre du chocolat pour le manger ou aider un rat en danger. Il préfère l'aider!

L'ATTACHEMENT APRÈS LA MORT

Les animaux expriment-ils une émotion à la mort d'un proche? Certains semblent insensibles, tandis que d'autres révèlent leur attachement au défunt.

Dans des communautés de grands dauphins, quand un individu meurt, les autres veillent son corps plusieurs jours. Ils nagent pour former une ligne verticale. Ce comportement incroyable montre leur attachement, même après la mort.

À la mort d'un éléphanteau, les adultes déposent des branchages sur le corps. La maman essaie de réanimer son petit et barrit de douleur.

Les chiens peuvent exprimer leur fidélité à la mort de leur maître. Au Japon, Hachiko est très célèbre : tous les jours, pendant 10 ans, il attendait son maître défunt à la gare de Shibuya. En Écosse, le chien Greyfriars Bobby veillait sur la tombe de son maître et revenait régulièrement au cimetière... durant 14 ans.

Le mérion superbe mâle, un oiseau très infidèle, offre un pétale à une femelle.

Amour et attachement : quelles différences ?

Chez les humains, la chimie de l'attachement dans le cerveau touche plusieurs zones, dont une qui est spécialisée dans la mémoire et la perception du temps. Comme les mammifères, les humains sont capables de ressentir de l'attachement, mais, en plus, ils peuvent coordonner cet attachement avec des souvenirs. L'amour que nous connaissons est élaboré selon une perception du temps. L'humain peut créer des liens affectifs qui durent dans le temps et sont plus forts.

L'amour est une forme élaborée de l'attachement.

Les albatros peuvent rester
ensemble toute une vie.

Les singes bonobos
s'embrassent.

Le chien Hachiko
attend son maître défunt
pendant 10 ans.

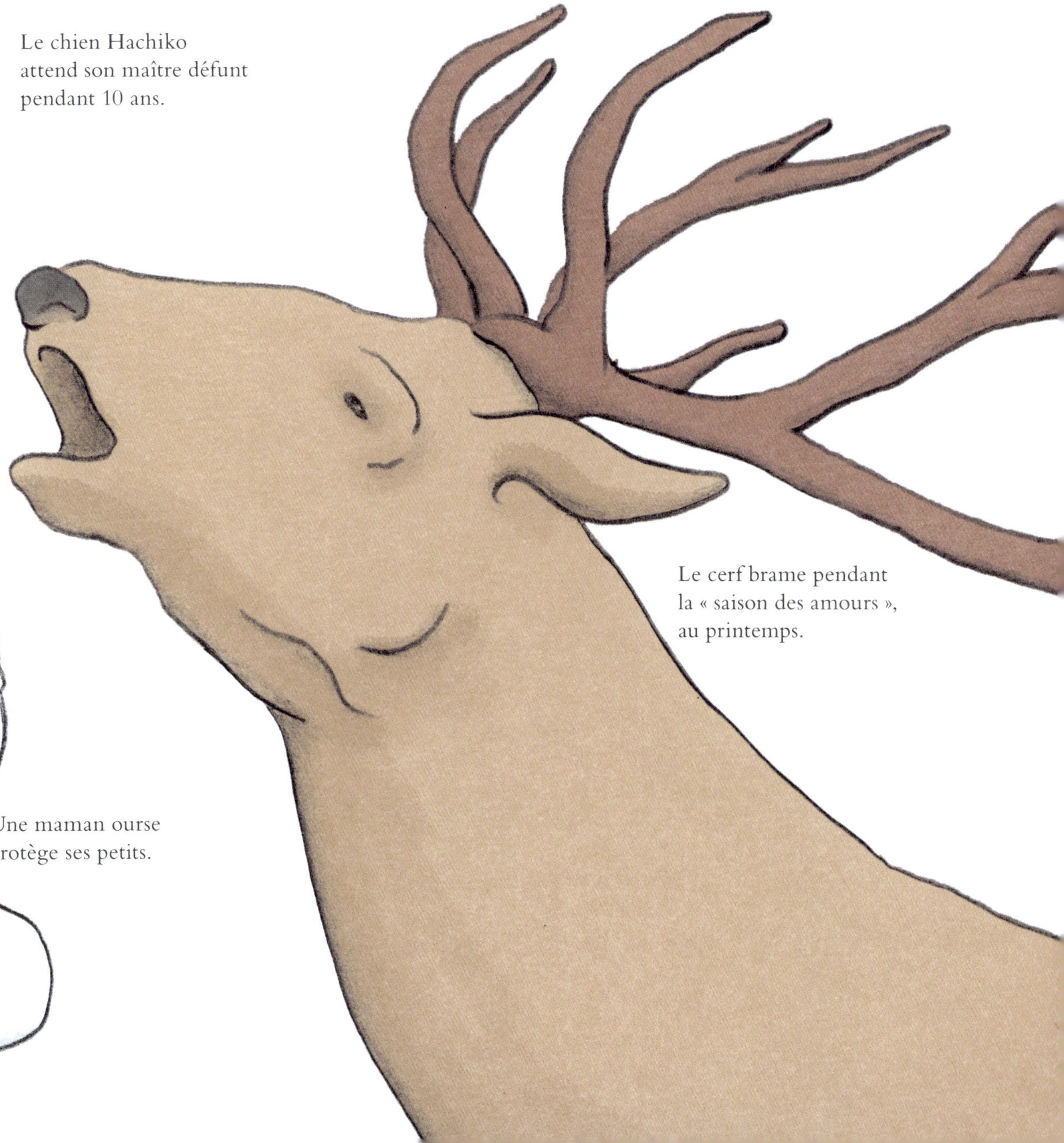

Le cerf brame pendant
la « saison des amours »,
au printemps.

Une maman ourse
protège ses petits.

17. L'AMOUR À L'INFINI

Avec ses multiples facettes, l'amour nous surprend. Sa puissance nous émerveille.

L'AMOUR ET LA VIE

Même s'il est parfois douloureux, l'amour fait surtout du bien : il apporte de la douceur, de la joie, du bonheur. Avec toutes les émotions qu'il transporte, il nous berce, nous emporte ou nous protège.

Avec l'amour, la vie est plus belle.

Amour et attachement : à quoi ça sert ?

Ils jouent un rôle important pour la survie des humains : quand un bébé est privé d'amour et d'attachement, son cerveau ne se développe pas bien, il dépérit. Grâce à l'amour et à l'attachement, les humains nouent des relations avec leur famille, ressentent de l'empathie et s'intéressent aux autres. Celles et ceux qui s'occupent des autres vivent plus longtemps.

LE MYSTÈRE DE L'AMOUR

L'amour peut être étudié, décortiqué sous toutes les coutures par des scientifiques... mais plus on cherche à le définir, plus il nous échappe ! Il garde toujours une part de mystère en lui qui le rend si merveilleux.

L'amour échappe à notre jugement, car l'amour se vit.

IMAGINE UN MONDE SANS AMOUR...

Les familles éclateraient, il n'y aurait plus de passions, plus d'histoires d'amour, plus de mariages d'amour, moins de bébés, moins de liens entre les humains, moins de tendresse, davantage de guerres, etc.

L'amour tisse des liens entre les êtres.

DONNER DE L'AMOUR

On peut s'aimer soi-même, aimer être aimé... mais c'est oublier la vraie puissance de l'amour : le don. En offrant de l'amour, on le partage et on démultiplie son pouvoir.

L'amour existe pour être partagé.

LA PUISSANCE DE L'AMOUR

On dit que « l'amour peut déplacer des montagnes »... Cela veut dire que l'amour nous rend plus forts pour affronter les épreuves de la vie. Cette puissance sommeille dans le cœur de chaque enfant. Elle ne demande qu'à être réveillée pour se déployer.

Là où il y a de l'amour, il y a toujours de l'espoir.

Pour nos fils,
Théophile et Max.

57 rue Gaston Tessier – 75019 Paris
ISBN : 978-2-37801-344-8
Code MDS : SL13448
N° d'édition : 25L0761
Dépôt légal : octobre 2025 – Tirage n° 1
Loi 49-956 du 16 juillet 1949 sur les publications destinées
à la jeunesse, modifiée par la loi n° 2011-525 du 17 mai 2011

Achevé d'imprimer en juin 2025 en Chine

Imprimé sur du papier FSC®

MIXTE
Papier | Pour une gestion forestière responsable
FSC® C104723